産経NF文庫
ノンフィクション

就職先は海上自衛隊

女性士官世界一周篇

時武里帆

JN131056

潮書房光人新社

はじめに

本書は『就職先は海上自衛隊　女性「士官候補生」誕生』『同　元文系女子大生の逆襲篇』に続くシリーズ第三巻目の体験記である。

既刊の二巻は江田島にある海上自衛隊幹部候補生学校の生活を入校から卒業まで綴ったものだが、本書では卒業後の遠洋練習航海実習について綴る。

本書からお読みいただく方のために、最初に海上自衛隊の初級幹部教育（主に大卒程度で入校する第一学生隊の一般幹部候補生）について大まかに説明しておこう。

新しく幹部候補生学校に入校した候補生はまず一年間の学校生活を通じて船乗りとしての基礎知識や技能、幹部自衛官としての素養を学び、卒業後は実際に練習艦で国内外の海を航海することで学校の座学・実習で学んだ知識や技能を定着させる。この約半年間の外洋での航海が遠洋練習航海実習である。海上自衛隊の幹部自衛官はこの実習を修了して初めて、初級幹部として各部隊へと配属されるのである。

さて、私は幹部候補生学校に入校する前から、卒業後の遠洋練習航海について漠然と知っていた。

「世界各国を艦で訪問できるんですよ。こんな特典があるのは海上自衛隊だけ。これが目当てで海自を選ぶ人もいます」

当時の地方連絡部（現・地方協力本部）でもそんな説明を受けた記憶がある。だが、私の場合、白い制服のカッコ良さと憧れが入校の最大の決め手だったので、とくに遠洋航海が目当てで海自を選んだわけではなかった。

それに私が入校するころにはまだ女性が遠洋航海に参加できるかどうかは定かではなかった。なんとなく「新しい練習艦が建造されつつある」「完成が間に合えば、私たちも遠洋航海に行ける」という噂はあったものの、どうしても行きたいという強い願望もなかった。とにかく毎日の日課や訓練に手一杯で、卒業後のことなど気にしている暇すらなかった。

ところが、候補生学校の卒業が近づくころになると、それまで霧に包まれていた新しい練習艦の存在と遠洋航海がセットでにわかに姿を現わし始めた。

「どうやら例の艦が完成したらしい」

「私たちはその艦に乗って遠洋航海に参加するらしい」

正直なところ「間に合ってよかった」という思いと「ああ、間に合っちゃったか」という思いが入り交じっていたように思う。

今にして思えば、当時の私はこの新しい練習艦〈かしま〉の完成とその第一回目の遠洋練習航海実習に自分が参加する意義の大きさをほとんど理解していなかった。

あれから四半世紀以上が経ち、WAVE（女性海上自衛官）の大先輩でいらっしゃる竹本三保氏（自衛隊青森地方協力本部長、中央システム通信隊司令等歴任の後、平成二三年一二月退官。退官時階級一等海佐）の『任務完了　海上自衛官から学校長へ』（並木書房）を読み、その中に「練習艦『かしま』の初乗りは、私です」との記述を発見して驚いた。

女性が遠洋航海に行きたくても行けなかった時代、女性が乗れる艦艇がまだなかった時代に悔しい思いをされた竹本氏は自ら願い出て〈かしま〉の就役条件審議員として公試に参加され、就役前の〈かしま〉に乗り込んで、女性居住区などをチェックされたというのだ。

「私が『かしま』の乗組員になることはありませんでしたが、任務として『かしま』に初めて乗った女性自衛官は知る人ぞ知る、私なのでした」（『任務完了』より）

このくだりを読んで、あの〈かしま〉第一回目の遠洋練習航海の裏には、竹本氏をはじめ、さまざまな人のさまざまな思いがあったのだと感じ入った次第である。

平成7年度遠洋練習航海航路

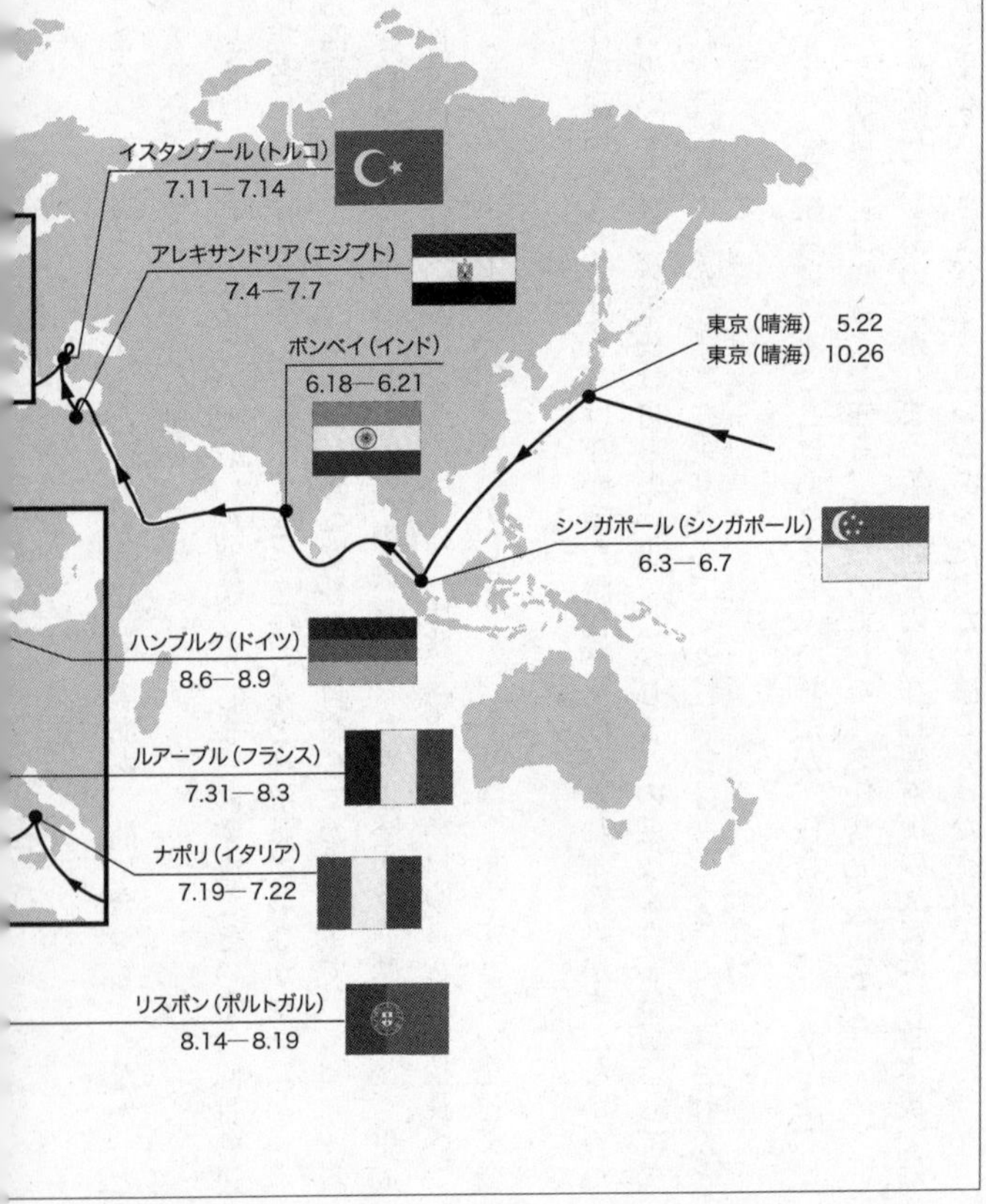
イスタンブール（トルコ）
7.11―7.14
アレキサンドリア（エジプト）
7.4―7.7
ボンベイ（インド）
6.18―6.21
東京（晴海） 5.22
東京（晴海） 10.26
シンガポール（シンガポール）
6.3―6.7
ハンブルク（ドイツ）
8.6―8.9
ルアーブル（フランス）
7.31―8.3
ナポリ（イタリア）
7.19―7.22
リスボン（ポルトガル）
8.14―8.19

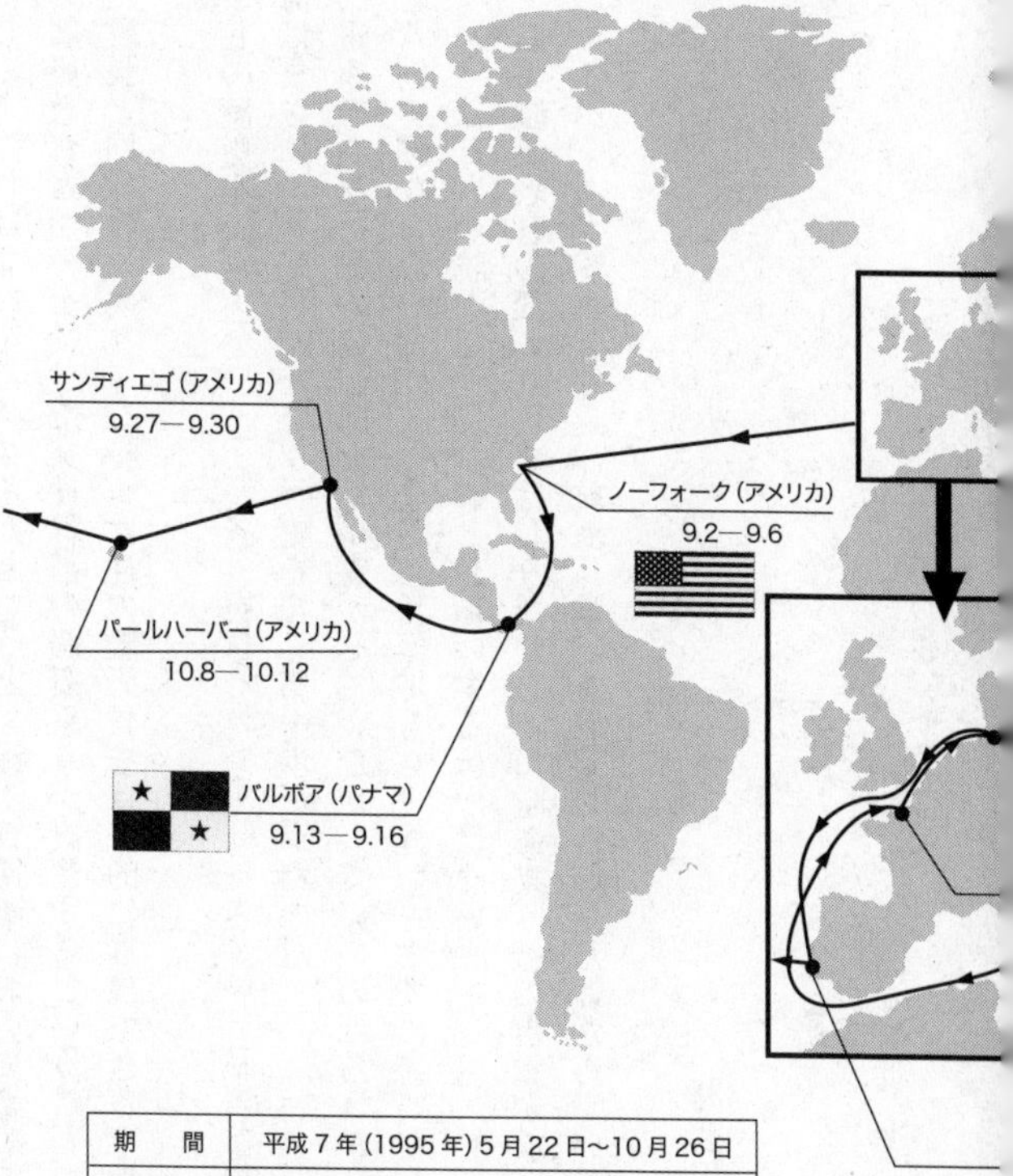

期　間	平成7年（1995年）5月22日～10月26日
所要日数	157日（航海107日、停泊50日）
総航程	約28,000カイリ（約52,000㎞）
訪問国	10ヵ国、12寄港地

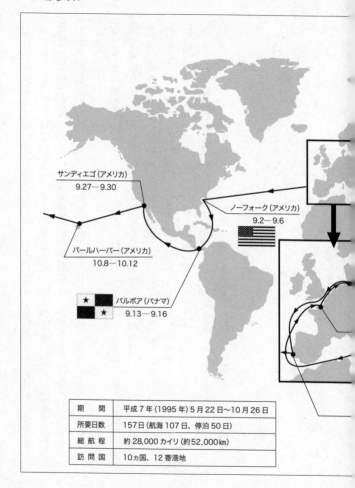

女性居住区を備えた〈かしま〉の就役は、それまで不可能だった女性の遠洋航海参加を可能にした。これはなにを意味するかというと、海上自衛隊において初めて男性幹部と同等の艦艇教育と訓練を受けた女性幹部の艦艇乗りが誕生するということ。つまり、男性の艦艇長と同様のキャリアを持つ女性の艦艇長を持続的に輩出できる下地が整ったのである。

ＷＡＶＥの歴史を語る上で、〈かしま〉就役の持つ意味は大きい。私の参加したあの遠洋航海はまさにＷＡＶＥの新たな歴史を拓く第一歩だったのだ。

そんな重みのある航海の体験記を私が書かせていただいていいのだろうか？

改めて背筋の伸びる思いだが、いまさら言ってももう遅い。すでに書いてしまったからには、あとはどうか読んでくださいとお願いするほかはない。

ＷＡＶＥの艦艇教育の変わり目をはしりながら、当時あまりその自覚がなかった一実習幹部のマイペースかつ真摯な遠洋航海体験記をお楽しみいただけたら幸いである。

時武里帆

就職先は海上自衛隊——目次
女性士官世界一周篇

就職先は海上自衛隊

女性士官世界一周篇

海上自衛隊の階級と階級章

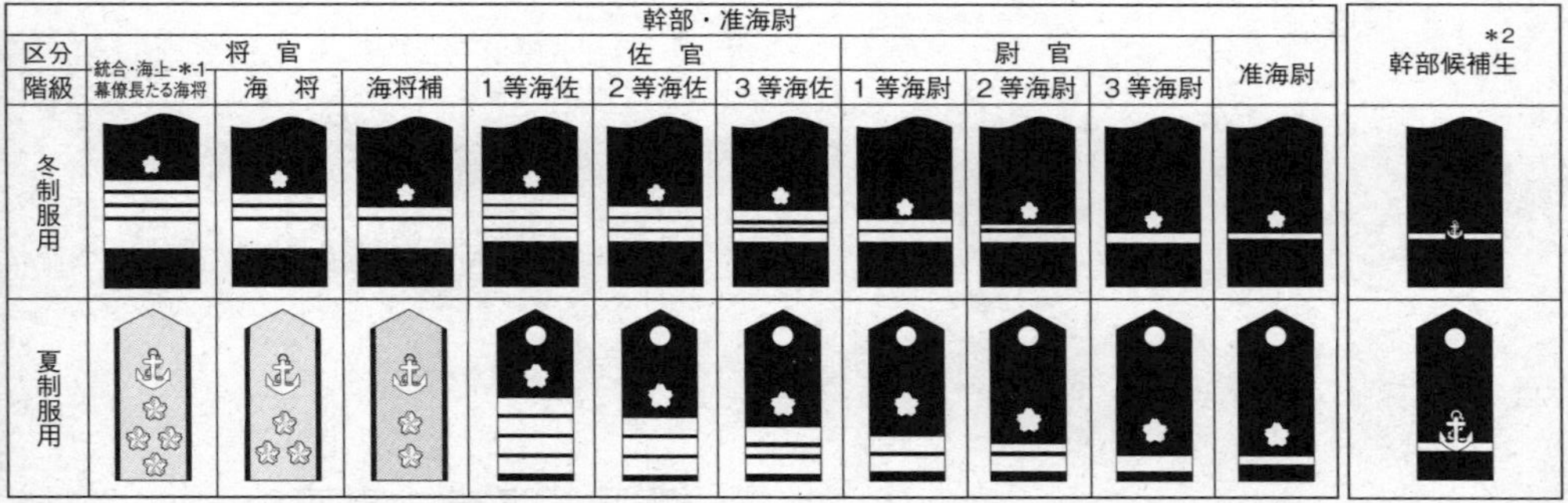

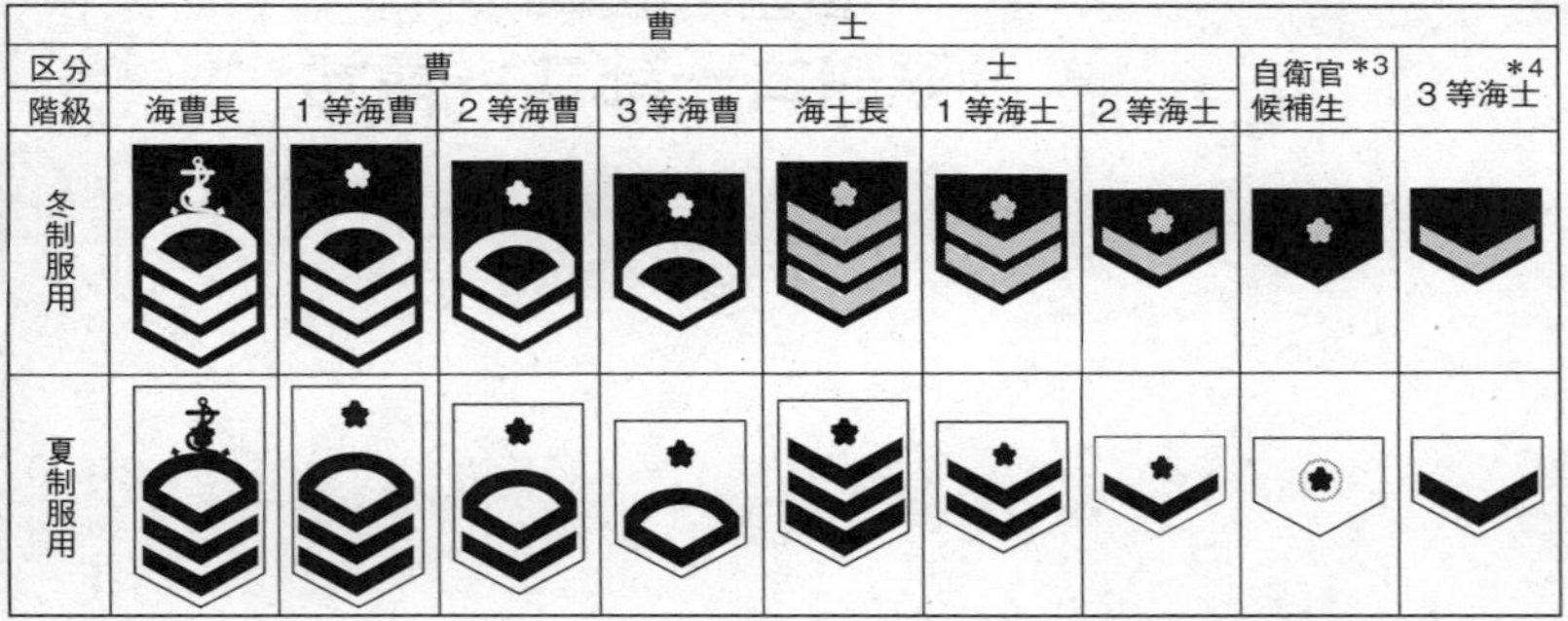

*1 階級は「海将」

*2 階級は「海曹長」だが、准尉に準じた徽章を着用する

*3 平成23年度より使用 任官前なので階級はない

*4 平成22年度廃止

第1章　国内巡航、出国準備

伊勢神宮参拝

　平成七年三月二一日、海上自衛隊幹部候補生学校を卒業し、晴れて三等海尉に任官した私たちはそのまま実習幹部として、約一ヵ月強の国内巡航の航海に出た。

　当時の第一練習隊所属練習艦〈かとり〉〈まきぐも〉〈やまぐも〉の三艦に分乗し、海上自衛隊の各地方総監部の港等を巡る航海である。

　これはいわば、その後にひかえている遠洋練習航海実習の前哨戦ともいえる航海で、各港のレセプションではじつにいろいろな方々にお会いして、たくさん応援していただいた。

海上自衛隊に寄せられている期待は大きいのだなぁとひしひしと感じた次第である。

さて、この国内巡航の中でもっとも印象深かったのは伊勢神宮参拝だった。国内巡航の後に始まる遠洋練習航海実習（世界一周）の無事を祈願して、練習艦隊としての参拝である。

学生時代、鎌倉の鶴岡八幡宮で巫女のアルバイトしていた私にとって、伊勢神宮は特別な神社だった。

八幡宮を訪れる参拝客の中には、「お伊勢さんのお札を下さい」とリクエストされる方が毎年少なからずいて、そういう方々のためにわざわざ伊勢神宮のお札を用意していたのだ。

「伊勢神宮のお札をなぜ鶴岡八幡宮で？」と思っていたところ、「鶴岡八幡宮は伊勢の皇大神宮につながる神社なのです！」と神職の方が誇らしげに語っておられた。

その当時は「へええ、伊勢神宮ってすごい神社なんだなあ」と漠然と思っていたが、まさかその一年後に自身が伊勢神宮参拝を果たすとは夢にも思っていなかった。それも練習艦隊の一員として。

気の引き締まる思いで伊勢神宮の参道を歩いたのを覚えている。

服装は黒の冬制服に白手袋の礼装。男性はもちろんズボンだが、たしか、WAVEはこの時、スカートにパンプスだったと記憶している。

参道が見事な玉砂利だったため、とても歩きづらく、パンプスのかかとがめくれてしまうのではないかと気になってしかたがなかった。

しかし、司令官以下、総員が制帽を取って参拝の礼を行なっている最中は境内にピンと張り詰めた清新な空気が満ちて、一切の雑念が祓《はら》われた気がした。

やはり、ここは特別な場所なのだなあと思うとともに、この後にひかえている遠洋練習航海実習に対するプレッシャーをひしひしと感じたのだった。

参拝の後は沿道の茶店で伊勢名物の赤福を堪能した。

赤い毛氈を敷いた椅子に野点《のだて》傘を差した茶店の店先で、お茶をいただきながらの赤福の味わいは格別だった。

WAVEはWAVE同士で楽しく談笑しながら、訓練づくめの航海の中でしばし憩いのひとときを味わったのだった。

三笠と横須賀WAVE会

伊勢神宮参拝と前後するが、余市防備隊の研修とニッカウヰスキー余市蒸留所の見学、小樽ガラス工房やオルゴール堂の見学も印象に残るもので、私にとっては生まれて初めての北海道だった。

小型ながら機動力のあるミサイル艇のカッコよさに痺れ、ウイスキーの試飲でほろ酔いとなり、小樽ガラスのノスタルジックな美しさに癒された。

そして、最後の寄港地である横須賀では、私の海自入りの原点ともなった戦艦三笠の見学が……。

そもそも、小学生のころにここへ遠足に来なければ、面接時に「志望動機は三笠です」などと本当か嘘か自身でもよく分からないコメントはできなかった。

ありがとう、三笠。おかげさまでどうにか三等海尉になれました。

心の中で手を合わせながら、三笠公園に佇む三笠と東郷平八郎の銅像に報告をしたのだった。

そのほか、横須賀といえば横須賀勤務のWAVEの諸先輩方がWAVE会を企画して下さり、WAVEだけで集まって貴重な話をうかがったのを思い出す。(国内巡航時ではなかったかもしれないが)

じつは、私たちは遠洋航海実習後の部隊配属先として艦艇部隊以外の部隊をあまり知らなかった。だから、実際に艦艇部隊以外のところで勤務されているWAVEの先輩方の話は新鮮だった。

「辞めないで続けることが大事よ」

ご夫婦で自衛官をされていて、出産後もバリバリと仕事をされている先輩のお話にはとても励まされた。

サプライズで用意して下さったケーキも美味しくて、できれば私もこちらの先輩方のように陸上部隊で働きたいものだなあと夢を抱きながら、甘いひとときを過ごしたのだった（遠洋練習航海後にまさかの艦艇配置が待っているとは、このときの私はまだ知る由もなかった）。

さて、この国内巡航でお世話になった第一練習隊の練習艦〈かとり〉〈まきぐも〉〈やまぐも〉の三艦だが、この三艦と別れを告げたのも横須賀ではなかっただろうか。

というのは、この後の遠洋練習航海に向けて晴海ふ頭に回航するにあたり、すでに私たちは新練習艦〈かしま〉に乗組んでいた気がするのだ。

たしか、横須賀の岸壁に整列して帽ふれをしながら、呉に帰る三艦を見送ったように思うのだが……。

あれから四半世紀も過ぎると、さすがに記憶もあいまいとなってくる。

しかし、〈かとり〉の居住区での思い出はなかなか鮮明に残っている。

新練習艦〈かしま〉ができるまで毎年遠洋練習航海に出ていた〈かとり〉は収容人数も多く、一般的な護衛艦に比べたら居住区の環境も良かった。

WAVE居住区には、足をのばして座れるフリースペースもあり、寝室は三つのエリアに分かれていた。

私たち実習幹部のエリア、司令部の訓練幕僚補佐Aと歯科長のエリア、〈かとり〉乗員WAVE海曹士のエリアである。

エリア別に分かれていたといってもトイレや風呂は共用なので、お互いに顔を合わせる機会は多かった。

とくに歯科長のS田一尉は明るくフレンドリーなお人柄で、私たちと司令部との間をつなぐムードメーカーのような役割を果たされていた。

訓練幕僚補佐AのK野一尉は立場上、私たちに厳しいことも言わねばならず、その結果、ピリピリとした空気が生まれると、歯科長のS田一尉がうまく取りなしてくれるといった具合である。

とはいえ、K野一尉もいつもピリピリされていたわけではない。

訓練を離れれば、普通の若い女性である。

〈かとり〉で海水風呂が許可されると「時武三尉も入りなさい。気持ちいいわよ」とニコニコされていた。

女性初参加にマスコミ殺到

なにごとも〝初〞がつくものはとかく注目される。

平成七年度の遠洋練習航海実習は新練習艦〈かしま〉初にして、女性実習幹部が初めて参加する〝初〟づくしの航海だった。

江田島の候補生学校を卒業する前から各種メディアの取材申し込みがあり、私たちWAVEはその取材対応に追われた。

取材はだいたい休日に行なわれるので、対応に当たったWAVEは事実上、休日返上となる。

卒業前はとかく忙しいので、貴重な休日の取材対応は誰もが遠慮したい任務だった。総員で対応していたのでは身が保たないため、WAVEの一三人で取材対応用のワッチ（当直）を組んで対応するはこびとなった。

新聞社や週刊誌、雑誌等々、様々なメディアの取材を受けた中で印象に残っているのは、中央公論社（現中央公論新社）の取材である。

なぜなら、私は学生時代、中央公論社の月刊誌『マリ・クレール』の愛読者で、中央公論社の入社試験を受けた経緯もあったからだ。

「中央公論社の取材が入っている。インタビューと写真撮影で、記事は『中央公論』誌に掲載されるそうだ。誰か対応できる者！」

え？『中央公論』に写真入りで掲載されるの？　それってすごくない？

はい！　時武、行きます！　行かせていただきます！

勢いよく拳を振り上げて挙手したところ、ほかに誰も希望者がいない。話し合いにより、美脚でスタイル抜群のH田候補生が一緒に対応するはこびとなった。

卒業前の休日、候補生の冬制服（スカートでとの指示があったため、ズボンではなくスカートで！）に身を包み、江田島の小用桟橋からフェリーに乗って呉へ。

停泊中の新練習艦〈かしま〉に他の実習員たちに先駆けて乗艦した。

同行の訓練幕僚補佐AのK野一尉とともに実習員サロンに入ると、『中央公論』誌の編集者の方が海幕広報室から来られたWAVEの大先輩とともに待っておられた。

初めて乗艦する〈かしま〉は新造艦だけに「新しい」匂いに満ちており、床のリノリウムもピカピカ。実習員サロンには絨毯のような敷物が敷き詰められていて、「本当にこれが艦内《かんない》なの？」と疑いたくなるほど広く快適なスペースだった。

薄いグリーンのレザー張りのひじ掛け椅子に私とH田候補生が腰かけ、K野一尉は海幕広報室のWAVEの方とともに少し離れた椅子に着席されたように思う。

さて、インタビューであるが……。

どうしても言わずにはいられなかったので開口一番「じつは私、御社の入社試験を受けたことがあるんですよ」と喋ったところ、向かい側から海幕広報室のWAVE大先輩と訓練幕僚補佐Aの視線がギラリーン！

とっさに私は、このお二方がなぜ同席されているかを悟った。

つまりは「余計な発言、不適切な発言はするな」という牽制の役目を担っておられるのだ。

ありゃりゃ、今の発言はまずかったか？

私の焦りをよそに、編集者の方は「え？　そうなんですか？　なぜ弊社を？」と身を乗り出してこられる。

ええい、ままよ。こうなったら、正直にお話しするまでだ。まずい内容だと判断されたら、大先輩たちがストップをかけてくださるだろう。

私は意を決めて語り始めた。

御社の『マリ・クレール』はファッション誌の域を超えたハイクォリティーな文化誌で、筒井康隆氏の連載小説「パプリカ」や蓮見重彦氏の映画評論「映画に目が眩んで」など連載陣も充実しており、毎号楽しみにしていた……云々。

編集者の方にしてみれば、同じ中央公論社でも『中央公論』の取材に来て『マリ・クレール』を熱く語られても、正直困ったことだろう。

しかし、「そうでしたか。それはありがとうございます」と丁寧に対応していただき、話は本題の遠洋航海に向かった。

「出港に向けて気がかりなことは？」

という質問に対して、「艦の食事はおいしいので、つい食べ過ぎて太ってしまうのが心配で……」と受け答える同期のH田候補生。

なにをおっしゃいますやら！　スタイル抜群のあなたがそんな心配をしていたら、すでに自己人生史上MAXの体重を更新し続けている私はどうなるの！

肝心の私はなにを答えたか忘れてしまったが、インタビューの後は〈かしま〉の錨甲板に出て写真撮影。

これがまた、風が吹きさらしで寒いのなんの……。

制服の下にババシャツ（当時はまだヒートテックは存在しなかった！）やらセーターやらを着込んではいたものの、まったく歯が立たない。

とりあえず、H田候補生より後ろに立って、「引き」で写してもらわないと……。

しかし、せっかくの策もむなしく、身長の関係から一番前に出るよう指示され、『中央公論』の中ほどのグラビアページには着ぶくれ状態の時武候補生が寒さのあまり肩をいからせた姿でドーンと掲載されたのだった。

この掲載誌は国内巡航中に〈かとり〉に届けられ、訓練幕僚補佐AのK野一尉から一冊を手渡された。

「時武三尉、とっても大きく写ってるわよ」

中身を見て納得。たしかに、いろんな意味で大きく写っている。

写真の中ではまだ候補生の制服を着ている私も、もう三等海尉。

写真撮影時より、さらに大きくなって（いろんな意味で！）遠洋航海に旅立とうとしていたのだった。

〈かしま〉へ引っ越し

横須賀では休暇も許されて実家にも帰れたように思う。

しかし、いよいよ〈かしま〉への本格的な引っ越しも始まり、私たちはその準備に大わらわだった。

先に述べたように、〈かしま〉艦内はどこもかしこもピカピカの新造艦である。退役間近の老朽艦〈かとり〉とのギャップは大きい。

まずは居住区。

私たち一三名のWAVEは七名と六名に分かれ、七名のグループに入った私は右舷の実習員寝室で寝起きするはこびとなった。

寝室の様子は、二段ベッドという点を除けばまさにホテル並み。

ベッド自体も〈かとり〉よりだいぶゆったりしたサイズで、一人ずつ薄いグリーンのカーテンで完全に仕切れるような造りになっていた。

収納スペースはベッド脇のロッカーとベッド下の抽斗《ひきだし》だが、これもゆとりあるサイズ。

さらに共用のドレッサー、ボックススタイルのスツールまで備わっていて、ベッドのある区画とトイレ・シャワー・洗濯機のある水まわり区画は自由に行き来できるようつながっていた。

トイレは洋式トイレで個室が二つ。護衛艦によくある金属製の便器ではなく、普通の陶器のものである。

シャワー室も個室形式で二つ、乾燥機付き洗濯機も二つである。

さらに大きな鏡のついた洗面台もあり、「狭い・不自由・不便」といった一般的な艦のイメージをすべて払拭するような造りに驚かされたのだった。

出国に向けて

新造の練習艦〈かしま〉に無事引っ越しを終えた私たちは晴海ふ頭に停泊しながら、五月二二日の出国に向けて、〈かしま〉内での座学や実習にいそしむ日々が続いた。

このときの座学はおもに天文航法。

遠洋航海は、広い外洋で夜空の星の位置を頼りに自艦の位置を割り出す天測訓練の絶好の機会なのだ。

しかし、これはいわゆる遠航名物「天測地獄」の始まりであり、私は出国以来延々と

平成7年度遠洋航海を実施した〈かしま〉（手前）と〈せとゆき〉〔撮影・菊池雅之〕

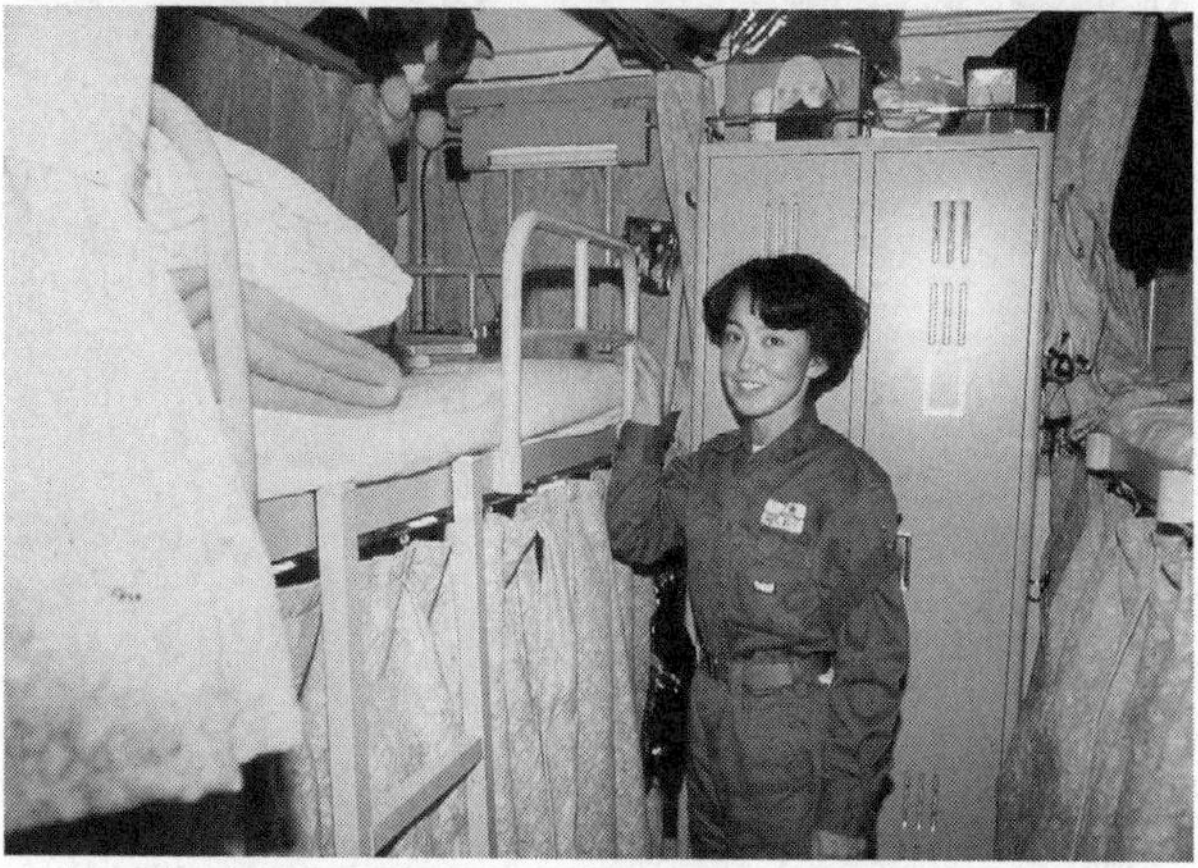

〈かしま〉の女性実習員寝室。ベッドも収納もゆったりサイズ〔撮影・菊池雅之〕

最後の寄港地パールハーバーまでこの地獄にはまって悩まされるのだった。

どんなことをするのかといえば、「六分儀」という道具で目標とする三つの天体の（地平線からの）高さ（角度）を測り、その値を元に天測歴や天測計算表を駆使して三点の緯度経度を計算し、その交点から自艦の位置を割り出すのである。

晴海停泊中はまだ六分儀を使わず、練習問題として艦長付《かんちょうづき》のS藤一尉が提示してくる任意の三点の値を元にひたすら計算をする。

……と書くと、「なあんだ、それだけ？」と思われるかもしれない。

ところが、この計算がかなりのクセ者！

普通の初心者がまともに計算すると、だいたい一時間くらいかかる。慣れた人でもまあ三〇分。

悪い意味で普通でない私は、一時間以上かけても結局、答えが出ない有様だった。

それまでの人生で馴染みのなかった関数電卓を使うのだが、ここまで計算が複雑だと、「はて、私は今、何の計算をしているのだっけ？」と途方に暮れることもしばしば。

これから先を思うと、まったくどんよりとした気分になってしまうのだった。

しかし、そう落ち込んでばかりもいられない。

出国に向けて、身の回りの準備も調えねばならない。

私は右舷側の寝室で、同期のＷＡＶＥ七名で寝起きするはこびとなっていたのだが、あるとき、同部屋の中で「殺風景だから部屋に絨毯を敷かない？」という声が上がった。たしかに、絨毯を敷けば靴を脱いでくつろげるし、部屋の見た目もいい。

「私、買ってくるよ」

と名乗りを挙げてくれたのは、ＷＡＶＥの中で唯一、候補生学校の室次長を務めたＩ黒三尉だった。

さっそく部屋の寸法を測り始めるＩ黒三尉。

じつは、私はこうした作業が苦手で、およそ寸法と名のつくものをまともに測れたためしがなかった。

ちゃんと測ったつもりでも、あとちょっと足りないといった例が、これまでの人生で多々あった。

その点、万事において賢いＩ黒三尉なら安心である。

みごとにピッタリの寸法の絨毯を買ってきたうえ、ゴミ箱や伝達用のホワイトボードまで調達してきてくれた。（記憶はさだかではないが、たしか、ハンディタイプの掃除機もこのとき入手したのではなかっただろうか）

こうして、出国に向けての準備は着々と進んでいったのだった。

テーブルマナーを身につけよ

座学や身辺整理が続くなか、海外でのレセプション対策として、テーブルマナー講習も実施された。

海外で食事会に招かれた際、恥をかかぬよう「士官のみだしなみとしてきちんとしたテーブルマナーを身につけよ」という趣旨の講習会である。

事前にある程度の講義を受けた後、「あとは実践あるのみ」ということで、某ホテルの一室で一般人のお客様を交えて食事会が開催された。

お客様とはいうものの、実質、この方々がテーブルマナーの先生なのだ。

私たちは制服だが、お客様方はもちろん私服。

とてもドレッシーでセレブな方々ばかりだった。

いつも作業服で〈かしま〉艦内を駆け回っている身にとっては、まるで別世界である。

会場となったホテルの一室は結婚式の披露宴のように、いくつかの丸いテーブルが用意されており、私たちはあらかじめ決められたテーブル席についた。

このとき、私と同じテーブルについたのは、〈かしま〉砲術士兼甲板士官のG賀二尉。

私たち実習幹部の指導官に当たる方だった。

Ｇ賀二尉は砲雷系幹部の典型というべきか、カリスマ的指導力と爆発的な怒声が最大の特徴といった方。

この方と同席というだけで、緊張感みなぎる食事会となったわけだが……。

どうしたことか〈かしま〉艦内では鬼の甲板士官も、食事会の席では終始別人のような紳士に変身されていた。

食事の席では政治と宗教の話をしてはいけないと事前の講義で習っていたため、話題はおのずとその二つを避けて〈かしま〉の話となった。

セレブのゲストティーチャーは上品なマダムでとても聞き上手。

〈かしま〉で「どんな訓練をしているのか」とか「女性自衛官はどんな配置についているのか」とか、なめらかに話題を振ってこられる。

それに対して私が話に詰まると、横からＧ賀二尉が「それは……ですよねえ？　時武君」と助け船を出して下さるのだが、ふだん「それは……だろ！　そんなことも分からないのか、時武！」と怒られている身にとっては非常に違和感があるというか、かえってこわい。

しかも、「さすが〈かしま〉第一期だけあって、今度の女性自衛官は皆、優秀ですよ。男性陣も油断できませんね」などと、にこやかに語られると、もう恐ろしくてとてもまともに顔を見ていられない。

「なにをおっしゃいますやら。オホホホホ……」

とお愛想笑いを浮かべるのが精一杯だった。

せっかくのディナーのコースメニューも忘れてしまった次第だが、残さず完食したところは記憶している。

マナーの基本はテーブルに並べられたナイフとフォークは外側から順番に使う。

スープをいただくときは、音を立てない……等々。

デザートの皮つきのカットバナナが一番難易度が高かったのではないだろうか。

どうにかナイフとフォークで皮を取り除いて食べたものの「手で剥いちゃったほうが早いんじゃない？」と、思わなくもなかった。

しかし、そんなことは口が裂けても言えません……。

そうこうしているうちに、実習とは別の緊張感に包まれた食事会が終わり、〈かしま〉に帰艦するはこびとなった。

ゴワゴワとした生地の灰色の作業服（当時の幹部の作業服は外舷色と同じ灰色だった！）に着替えて〈かしま〉艦内を歩いていると、同じく作業服に着替えたG賀二尉と遭遇した。

「おい、時武。さっきはわざと五割増しくらいに盛ってやったんだからな。よく覚えとけよ！」

ひえエェ！

「ありがとうございます。恐縮です」

G賀二尉はニヤリと笑って去っていかれた。

〝不肖・宮嶋〟氏来艦

卒業直前の候補生時代から様々なメディアの取材を受けてきた件はすでに述べたが、出国間際になるとその勢いはいよいよ加速してきた。

連日のように各種カメラマンの方々が来艦されて写真を撮っていかれるのだが、その中にはあの〝不肖・宮嶋〟こと、宮嶋茂樹氏もおられた。

強く鋭い眼差しと攻撃的（？）な物言いで有名な宮嶋氏……。

私もテレビで何度か拝見していたので、実際に乗艦して来られたときは「おおー、〝不肖・宮嶋〟だぁ！」と一人で盛り上がってしまった。

さて、宮嶋氏の取材は〈かしま〉の実習員食堂にて行なわれた。

女性自衛官として初めて遠洋練習航海実習に参加する件についてどう感じているか、との話題で、WAVEだけが集められて宮嶋氏を囲むはこびとなった。

宮嶋氏はテレビで見ても強い眼差しだが、間近で見てもやはり眼力がハンパなかった。

日焼けした顔がいかにも百戦錬磨のカメラマンという印象である。

「当然、男に負けたくないって気持ちはあると思うんですよね」

「なにくそって思うこと、たくさんあるでしょ？」

限られた時間の中で、宮嶋氏は矢継ぎ早に質問を投げて来られた。

テレビで見るとおりの強い口調である。

うっかりすべての質問に頷いてしまいそうになるが、そうするとＷＡＶＥ総員が「男に負けたくない女たち」「男社会に食い込んで戦う女たち」の集まりと解釈されてしまう。

そうした分かりやすい構図のほうがメディアうけするのだろうが、実際はそう単純なものではない。

「ここだけの話、オフレコでということなら、話してもいいですが……」

と同期のＷＡＶＥの一人が発言したところ、宮嶋氏は即座に「ああ、そんな話は聞きたくないです」と断った。

「記事にできない話を聞いてみたって時間の無駄ですから」

宮嶋氏のこの発言を聞いて、私は「ああ、この人は正真正銘のプロなんだな」と実感した。

甘えの一切ない、ビリビリとしたプロ意識を目の当たりにして〝仕事で飯を食っていく〟とはこういうことなんだと思い知らされた気がした。

次の仕事の予定が詰まっているのか、宮嶋氏は慌ただしく取材を終えて退艦されたが、無駄を削ぎ落したナイフのような宮嶋氏の印象は今も鋭く残っている。

阿川佐和子さん来艦

宮嶋氏と対極にある来艦者という点で覚えているのは、作家の阿川佐和子さんである。

当初、阿川さんの来艦は〈かしま〉の予定に入っておらず、前日になって急に決まった〝アポなし取材〟にちかいものだった。

当日が出国前の最後の休日だったこともあり、この突然の来賓対応のために召集されたＷＡＶＥ総員の不満は相当なものだった。

個人的には「ナマで阿川佐和子さんに会えるなんて素敵！」というミーハーな気持ちがなくもなかったが、そんなことをうっかり口に出せないくらい、皆、怒っていた。

こんな非難轟々の中、来艦される阿川さんも大変だろうな。

どうなることやらと思いながら、〈かしま〉の舷門に整列していると……。

向こうのほうから、じつに小柄なショートカットの女性がカツカツとヒールを鳴らして歩いてこられるのが見えた。

近づくにつれ、いよいよこの方が阿川佐和子さんだと確信した。

当時、阿川さんはまだ四十代前半でいらしたかと思う。赤を基調にした大きな花柄のブラウスに黒のタイトスカートの出で立ちが際立っていた。

なんて素敵な方なんだろう。

阿川さんの嫌味のない華やかさに、WAVE総員のハートはみごとにノックアウトされたのだった。

阿川さんはお高くとまる様子もなく、かといってビビる様子もなく、じつに感じのいい笑顔を浮かべて、舷梯を上ってこられた。

あれだけ非難轟々だった空気を一瞬にして和ませ、歓迎の空気に変えてしまう、この〝感じの良さ〟。

これが阿川佐和子さんの人間力なのだと思う。

いわずと知れたことだが、阿川佐和子さんの父上は、旧海軍出身作家の阿川弘之氏。阿川佐和子さんご自身も作家として、またタレントとして著名な方だが、海軍つながりということもあって来賓対応だったのだろう。

阿川佐和子さんとWAVE実習幹部総員の会談は、練習艦隊司令部幹部も交えて、〈かしま〉の司令官公室で行なわれた。

〈かしま〉の司令官公室は海外での来賓対応を想定して、洋室にもかかわらず、太い檜の柱を使った〝床の間〟を思わせる和洋折衷スタイルの洒落た公室である。

ざっと二〇畳くらいの広さがあったのではないだろうか。

この公室の長テーブルの端に阿川佐和子さんが着席され、私は阿川さんから一番遠い反対側の端に着席した。

司令部幹部との雑談から始まり、和やかな空気になってきたところで、「ぜひ、WAVEさんたちのお話をうかがいたいですね。では、一番向こうの端の方から……」と阿川さんがにこやかに身を乗り出された。

はて、一番端というと……。私か！

やおら姿勢を正した私に、阿川さんが質問されたのは、「艦の部署訓練で一番好きなものは？」というものだった。

「それは、なんと言いましても出入港ですね。護衛艦にとって出入港は、血湧き、肉躍る瞬間といいますか……」

緊張して答えたところ、この大げさな表現がウケたのか、阿川さんはコロコロと笑いながら、話を膨らませて下さった。

さすが名インタビュアー！　次々と話が弾んで、じつに楽しかった。

最後のほうのWAVEは時間切れとなってしまって申し訳なかったが、一番遠い席にもかかわらず、一番長く阿川さんとお話できて、私は幸せだった。

あれほど非難轟々だった空気はどこへやら。会談が終わるころには、皆すっかり阿川さんのファンになっていた。

最後はWAVE総員で〈かしま〉艦内をご案内し、阿川さんからはお土産にご著書をいただいた。

いろいろ持って来てくださったご著書の中から、私が選んだのは『あんな作家こんな作家どんな作家』。

松本清張や林真理子など著名な作家に阿川さんが取材された名著である。

このサイン本は今でも宝物として私の本棚の中で輝いている。

第2章　練習艦隊出港！

雨天の出国行事

平成七年五月二二日。

その日の天候はあいにくの雨だった。

どしゃ降りというほどではないが、外出には傘をさす必要がある、という程度の雨。

晴海ふ頭で行なわれる平成七年度日本国練習艦隊の出国行事は雨衣着用で決行か？と思われたが、練習艦隊司令官以下総員が、冬制服上下に白手袋という服装で行事に臨むはこびとなった。

練習艦隊の出港予定時刻は午前一一時だったが、実際は一〇時から一〇時半までの間には出港したような気がする。

出国行事は出港に先立って行なわれるため、見送りに来た家族等は九時半までには〈かしま〉艦外へという通達がなされていた。

当時、私の両親と伯母が見送りに来てくれたのは覚えているのだが、〈かしま〉艦内を案内したかどうかの記憶は曖昧である。

晴海ふ頭に九時半前に到着するには、鎌倉の実家をかなり早く出発しなければならないことを考えると、両親らは〈かしま〉での面会は省略して、出国行事の見物から参加したのではなかっただろうか。

その日はとにかく、朝から慌ただしかった。

いよいよ出国したら最後、約半年は日本の地を踏めない。

やり残したことはないか。思い残していることはないか。

……などと思いを巡らしている暇もなく、ましてや感慨にふける暇もなく、気が付けば、いつの間にか晴海ふ頭の岸壁に整列している自分がいた。

このときのWAVE実習幹部の服装は冬服の上衣にスカート、黒パンプス。

五月とはいえ、雨の中でのスカート姿は寒い。

足が冷えてつま先がジンジンと痛かったのを覚えている。

軍艦マーチとともに〈かしま〉へ

それでも、練習艦隊を率いる海将補長谷川語司令官が出発の挨拶を述べられるころには、雨も霧雨程度に弱まってきた。

岸壁に整列した実習幹部一四一名と練習艦隊司令部、練習艦〈かしま〉乗組員、随伴艦〈せとゆき〉乗組員。

ここに陸・海・空の同行自衛官や技官ら同行者の方々も整列されていたかどうか……。残念ながら、その辺りの記憶が定かではないが、とにかく実習幹部総員を整列させて動かした号令官の〈かしま〉砲術士、G賀二尉の存在は圧巻だった。

立付《たてつけ》（予行練習）の段階から、ずっと号令をかけ続けてこられたため、いざ本番のときは声もかすれ気味。

しかし、かすれ声を上回る気迫と熱意が号令の一つ一つから伝わってくる。栄えある〈かしま〉第一回目の遠洋練習航海実習を成功させるべく、出港時から練習艦隊の威容を保たなければという使命感があったのだろう。

「行ってまいります！」

長谷川司令官の挨拶も堂々と力強く締めくくられ、ふ頭全体に勇壮な軍艦マーチが流れた。

見送りの方々の盛大な拍手に包まれながら、私たちＷＡＶＥ実習幹部は列の最後尾に一かたまりとなって〈かしま〉の舷梯を上った。

登舷礼式

さて、総員が乗り込んだところでいよいよ出港となるわけだが、私たち実習幹部は岸壁側の舷に等間隔で整列する登舷礼という礼式を行なうはこびとなっていた。見栄えを重視するため、身長の高い者から順に艦首から艦尾にかけて整列する。ＷＡＶＥの集団は後部甲板の外舷沿いであり、その中でも私の立ち位置はより艦尾に近い位置だった。

「帽ふれ」の号令がかかるまで、不動の姿勢でいなければならないため、なかなか辛い礼式ではある。

国内巡航の際は、ちょうどスギ花粉の飛散時期にあたったため、目がかゆくてたまらず、くしゃみ防止のためにマスクをかけて並ぼうとして注意されたこともあった。

「おい、そのマスクはどうにかならんのか？」

どうにかマスクなしで耐えたが、ひたすら辛かった記憶がある。

小雨降る晴海ふ頭での出国行事を終えた実習幹部は、見送りの人々に敬礼しつつ〈かしま〉に向かう。左端が著者〔著者提供〕

舷梯を昇り〈かしま〉に乗り込む女性自衛官たち〔撮影・菊池雅之〕

しかし、晴海出港時はさすがに五月下旬だけあって花粉の飛散は収まり、しかも雨が降っていたので目のかゆみに悩まされることもなかった。

そのぶん、これでしばらく見納めとなる日本の風景が名残惜しかった。

約半年後、ふたたび無事にここへ帰ってこられるだろうか。

帰ってきたらいよいよ部隊配属で実務につかねばならない。

実習員という身分でいられるのも今のうちだ。

でも、それでも、早く帰りたいなあ。

……などと、まだ出港してもいないうちから早くも帰りたいという有様。

やがて、〈かしま〉はしずしずと岸壁を離れ、私たちが整列している外舷と岸壁の水あきは次第に広がっていく。

「出港よう—い！」

パララ、パララ、パララッパパパー！

出港ラッパが景気よく響き、「帽ふれ！」の号令が流れた。

さよなら、日本。また帰ってくるよ。いろんな意味で一回り大きくなって帰ってくるよ……。

万感の思いで、私は高々と制帽を掲げて振ったのだった。

実習幹部の編成

出港時の高揚した気分とすでに頭をもたげはじめた早すぎる郷愁……。

さまざまな思いが去来する中、登舷礼が終わると同時に訓練は開始された。

陸測艦位測定訓練である。

艦橋ではGPSを使えばすぐに艦位が分かるようになっているのだが、周囲に陸地が見える限りは陸測艦位測定を行なうのが副直士官の躾《しつけ》事項となっていた。

〈かしま〉の広い旗甲板で訓練用の海図を広げ、測定目標となりそうな山や灯台などの方位を測っては、走って記入する訓練がしばらく続いた。

ここで実習幹部たちの編成をざっと説明しておくと……。

まず、総員一四一名を一組から六組まで六つに分けた組編成。

さらに、その組の中で二つの班に分かれる班編成。

そして、実習直と研究直とに分かれる舷編成。これは右舷と左舷という呼び方で分かれていた。

いずれも候補生学校における第一分隊から第六分隊までの編成を完全にシャッフルさせたもので、今まであまり接点のなかった同期とも、この遠洋練習航海実習で初めて接点を持つことができた。

この複雑な編成の中で、私は一組の一二班に属し、実習舷は左舷だった。そして、居住区は右舷の一〇一号室。

その当時はとくに何も感じるところもなく、決められた編成に淡々と従うだけだったが、今にしてみるとじつによく考え抜かれた編成だったことに驚く。

この編成を考えるにあたり、どれだけ複雑な思考作業が成されたことだろうか。

これだけの大人数の実習幹部に均等に実習の機会を与えるべく組み合わせを考え、訓練のカリキュラムを組み、さらに各寄港地におけるレセプションや研修の手配……。

本当に気の遠くなるようなプロジェクト作業である。

遠洋練習航海実習一つを例にとっても、海上自衛隊が初級幹部の育成にどれだけ多くの労力と時間、予算をかけているか……。

それなのに私ときたら、デキの悪い初級幹部でまことに申し訳ありません。

あれから四半世紀経った今、この原稿を書きながら、ひたすら背筋を伸ばし、冷や汗をかいている次第である。

総員離艦立付

陸測艦位測定訓練の後は、昼食をはさんで総員離艦の立付を行なった。

総員離艦とは文字どおり、総員が艦を離れなければならない事態となった際に発動される緊急部署である。

乱暴な言い方をすれば、艦がいよいよ沈没するという時、乗組員総員はあらかじめ決められた救命筏に乗り込んで逃げる。

そのとき、誰がどの筏《いかだ》に乗り込むのか、前もって確認しておくのが総員離艦の立付なのだ。

救命筏は〈かしま〉に限らず、どの護衛艦にも備えられている。

膨張式のゴム製のボートで、一つにつき、だいたい二〇人程度の定員だったと思う。

ふだんは俵型をしたコンテナに収納されて舷側に配備されているが、海面に投下すると作動索が引かれて、炭酸ガスが自動的に注入され、膨張するしくみになっている。

じつは、私たちが乗り込む前から、すでに実習幹部たちの筏割は決められていた。

たしか、それぞれ組ごと、班ごとに一つの筏に乗り合わせるのだった気がする。

いざというとき、運命をともにする者同士かと思うと、同じ組員、同じ班員を見る目も変わってくる。

「ゲッ。時武と一緒かよ」

などと思われていなければよいのだが……。

立付は、筏を投下して膨張させるところまでは行なわず、それぞれが自身の乗る筏の下に集合し、同じ筏に乗り込む者たちの長が人員点呼を行ない、確認する形で終了した。

この筏を収納したコンテナが開くときは、いよいよ〈かしま〉最期のとき。

どうか、そうした事態にだけは遭いませんように。

祈るような気持ちで、立付は終了した。

初めての船酔い

その日の夜は、実習員講堂で〈かしま〉艦長付のS藤一尉による天測の事前説明会が行なわれた。

晴海停泊中にもさんざん講義を受けてきた天測だが、今回はいよいよ実際の六分儀が登場。

具体的な使い方などを教えていただき、より本格的な説明会となった。

六分儀とは、ざっくりいえば小型の望遠鏡にコンパスが付いている、といった形状で、大きさは学校でよく使われている顕微鏡程度。

高価なものなので、使用しないときは大切に木箱に収められている。

実習幹部の天測係が管理し、一台の六分儀を実習幹部二人一組で使用する。

特定の天体の水平線からの高度を測るものなので、天体の光が観測できて、かつ、水平線も見えるという状況でなければ使用できない。

必然的に観測時刻は水平線に日が昇る直前の早朝、ということになる。

観測に手間取ってモタモタしていると、日が昇り切って天体の光が見えなくなるし、かといって、日の出前に観測しようとしても、肝心の水平線が見えない。

俊敏に観測の機をとらえて正確に高度を測り、その後、気の遠くなるような複雑な計算を経なければ、自艦の位置は測定できないのである。

聞けば聞くほど、「そんなこと、本当にできるの？」と疑いたくなるような苦行だ。

「では、例題として、まず、これで計算してみてくれ」

艦長付は最後に例題を出して、退出された。

そこから果てしない計算が始まったわけであるが……。

停泊中における天測計算との最大の違いは、今回は計算中にも〈かしま〉が航海《はし》っている点である。

最初の寄港地であるシンガポールを目指して南下中の〈かしま〉は、本州のかなり南沖まで来ていた。

初めての外洋であり、おまけに初めて経験するような悪天候。

それまでの護衛艦実習や内地巡航でも悪天候は経験したが、ケタ違いの高波である。

ひたすら天測計算をしているうち、実習幹部たちの様子がだんだんとおかしくなってきた。

青ざめた顔で口元を押さえながら、実習員講堂を出ていく者が続出。

一人減り、二人減りどころではなく、五、六人ずつくらいまとまっていなくなっていく。

あら、あらと思っているうちに、しだいに私も気分が悪くなってきた。

今まで船酔いはおろか、乗り物酔いすらした経験がなかった私は、「や、もしかするとこれが船酔いってやつか?」とようやく気が付いた。

しかし、一度気が付いたら最後、内臓を突き上げてくるような猛烈な吐き気は収まるところを知らない。

もはや、天測計算どころではない。

私も急いで退出してトイレに向かった。

女子トイレはＷＡＶＥ寝室にあるのだが、ふだんはどうということもない寝室までの通路が果てしなく長く感じられる。

まずは高波による動揺でまともに歩けない。そのうえ、高波の周期と同期するかのように襲ってくる吐き気……。

ようやくたどり着くと、すでに苦しみ抜いた仲間たちが、死んだように転がっていた。

初めての外洋で初めての船酔い。

私がこの経験から学んだのは、船酔いとは横になったから治るというものではないということ。

そうかといって立っていても、まともなことはできない。

仕方なくベッドに横たわって苦しみをやりすごしていると、無情な艦内マイクが流れた。

「達する。艦長より。本艦は慣熟のため、しばらくの間、スタビライザーを使用せずに航行する」

ええーっ。そんな……。

〈かしま〉には、艦の動揺を軽減するためのスタビライザー装置が付いているのだが、せっかくのありがたい装置を使用しないというのだ。

遠洋練習航海実習始まって早々の手厳しい教育をベッドの中で恨めしく思ったのだった。

艦の編制

私は船酔いしないという絶対的な自信は、晴海出港後わずか一日でもろくも崩れ去った。

あの最悪なコンディションからどうやって回復したのか、くわしくは覚えていない。しかし、一つたしかなのは、訓練ずくめの〈かしま〉のスケジュールは、船酔いからの回復など決して待ってくれなかった、という事実だ。

次から次へと押し寄せて来る訓練の波に体当たりしているうち、いつのまにか身体が慣らされて、船酔いはどこかへ消えていた。

悪天候が去って、〈かしま〉が穏やかな海面海域に入ったという点も大きいかもしれない。

さてここで、ざっくりと一般的な護衛艦の艦内編制を説明しておく。

艦内編制は大きく分けて二つある。

科の編制と分隊の編制だ。

護衛艦の乗組員たちには一人一人専門の所掌配置（持ち場）と艦内生活における受け持ち区画（甲板掃除等）、居住区がある。

たとえば射撃員であれば対空射撃実施時には主砲、魚雷員であれば対潜戦闘時にはアスロック管制室、といった具合に各自決められた配置につく。

こうした配置ごとのグループ分けが「科」の編制であり、戦闘行動等を遂行するための編制となっている。

先の例でいえば、射撃員や魚雷員たちは砲雷科に属する。

一方、艦内生活におけるグループ分けは「分隊」の編制となる。これは分隊員の人事、身上把握のための編制であり、風紀や規律維持といった内務遂行に関わる。

この分隊編制により甲板掃除などの受け持ち区画や居住区などが割り当てられている。

一般的な護衛艦では、第一分隊は攻撃系の武器を所掌する砲雷科の科員たちで構成される。

同様に、第二分隊は船務科・航海科。第三分隊は機関科。第四分隊は補給科・衛生科。第五分隊は飛行科の科員たちから成る。

〈かしま〉は航空機を搭載しない練習艦なので、第五分隊飛行科は存在しない。

つまり、第一分隊から第四分隊までの分隊編制であり、私たち実習幹部も四つの分隊編制に対応する形で実習が進められた。

私たち一組の実習幹部は最初の寄港地であるシンガポールに着くまでは、〈かしま〉の第一分隊砲雷科に組み込まれ、第一分隊カラーの赤い腕章を巻いて実習に臨んだ。

ちなみに第二分隊は黄色、第三分隊は青、第四分隊は緑、という色分けだった。

この分隊カラーは、あくまで当時の遠洋練習航海実習時で指定されていた色で、現在はどうなっているか分からない。

熱き指導官の方々

練習艦での教育は基本的に徒弟教育である。

もちろん座学もあるが、大半は実務に当たっている個艦の幹部や乗員の傍らについて見習うスタイルだ。

教えてもらうのを待っているのではなく、自ら積極的に質問したり見学したりして知識や技量を盗み、ものにしていく姿勢が良しとされる。

実習は実習直と研究直に分けられているので、研究直のとき（自身の配置がないとき）にしっかり見学して仕事を覚えておかねば、実習直に当たったときに自身に割り当てられた配置を務められない。

事前の予習や研究が不十分な状態で実習に臨むと……。

熱き指導官の方々の熱ーいご指導を一身に受けるはこびとなる。

部署訓練でのご指導はもちろんのこと、頻繁に回ってくる通常航海直《ワッチ》も、けっして気

〈かしま〉の乗員から艦橋で業務の説明を受ける実習幹部たち〔撮影・菊池雅之〕

シンガポールに向かう〈かしま〉上甲板で三連装短魚雷発射管の発射訓練中の実習幹部。右端で発射装置を操作するのが著者〔著者提供〕

は抜けない。

とくに〈かしま〉砲術士のG賀二尉と航海士のN田二尉が艦橋副直士官のワッチについているときは要注意である。

「おい、これはどうなってるんだ?」とか「こういうときはどうするんだ?」とか突発的に質問され、答えられないと、それなりの対応が待っている。

G賀二尉は持ち前のバイタリティと爆発的な怒声を活かした熱血指導。

航泊日誌の鬼と恐れられたN田二尉の武器は、開いた瞬間に目が痛くなるような綿密な航泊日誌。

N田二尉の完璧すぎる航泊日誌を前にすると、私たち実習幹部がどんなに頑張って航泊日誌を作成しても、「これは航泊日誌とは呼べない!」と瞬殺である。

実習幹部は常に二人一組で通常航海直《ワッチ》につくのだが、私とペアのH田三尉が艦橋に上がると、なぜかいつもG賀二尉がおられる。

あまりにG賀二尉率が高いので、あらかじめ質問されそうな事項を想定して対策を練っていくのだが……。

たいていは思いもよらぬ質問を吹っかけられて撃沈である。

今日こそはG賀二尉の直に当たりませんように。

祈りながら副直士官のいる海図台のカーテンを開けると、「おう。また、お前たちか。

よく来たな」とG賀二尉のメガネがギラリ。

夜間航海の眠気も吹っ飛ぶような緊張に満ちたワッチがスタートするのだった。

艦上体育・艦上エアロビクス

さて、最初の寄港地であるシンガポールを目指して南下を続ける〈かしま〉が、海面状況の安定した海域に入ると、訓練の合間の時間を利用した艦上体育が始まった。

護衛艦で行なわれる艦上体育といえば、上甲板をひたすら走り回るのが一般的である。別名ハムスターオペレーションと呼ばれたりもするが、狭い艦内でなまりがちな足腰を鍛えるには効果的で、上甲板の有効利用ともいえる。

〈かしま〉では、この艦上ランニングに加えて、航泊日誌の鬼、N田二尉が主催する艦上エアロビクスも開催された。

じつは、N田二尉はあの細かすぎる航泊日誌の記載要領からはとても想像できないマッチョな体型の方で、趣味はエアロビクスだというのだ。

わざわざエアロビクスのために用意したと思われる大きなCDデッキを後部ヘリコプター甲板に据えて、いざミュージックスタート！

ワッチについている者以外、数十名程度は集まったのではないだろうか。

〈かしま〉ヘリコプター甲板で行なわれた航海士主催の艦上エアロビクス。みなさん見事に振りがバラバラ〔撮影・菊池雅之〕

ＷＡＶＥでは、水泳の元国体選手で、身体を動かすことが好きなＳ井三尉が積極的に参加表明していたように思う。

インストラクター役のＮ田航海士はＴシャツ短パン姿に拡声器を構えて、艦上エアロビの指揮を執っておられた。

南の暑い海に、リズミカルなエアロビクスの曲が流れる。

ダンスのように踊ることが目的ではなく、身体を鍛えることが目的なので、まともにやろうとするとなかなかキツイ。

片足立ちでバランスを取るポーズなどは、デキる者とデキない者の差が激しかった。私はもちろんデキないほうの部類である。

安定した海域とはいえ、多少は艦の動揺があるので、バランスを取るにはそこそこ高いバランス感覚と身体能力が要る。

とても最後までコンプリートできず、途中でエアロビを抜け出したように思う。

苦い夜間航海訓練《ナイトトランシッド》

実習幹部にとって、早朝の天測訓練はマストな日課なのだが、日々回って来るワッチも避けては通れないものである。

しかも、ワッチの時間が夜間に当たれば、当然夜間航海訓練となる。

操艦が苦手な私にとって、なにが嫌かといって夜間航海訓練で行なわれる陣形運動ほど嫌なものはなかった。

外洋なので、周りに漁船がたくさんいて神経をすり減らすことはないものの、そのぶん、みっちりと陣形運動をしなければならない。

僚艦は随伴艦の〈せとゆき〉しかいないのだから、陣形を作るのなんて簡単だろうと思いがちだが……。

ところがどっこい、である。

〈せとゆき〉のほかにも架空の僚艦がいると想定して、数隻で複雑な陣形を作るのである。

陣形の名前を仮に○○○陣形と呼称する。

自艦が基準艦であれば、針路速力を保持しているだけでいいが、〈せとゆき〉を基準艦として○○○陣形を作るとなると……。

以前にも既刊で登場した運動盤の出番である。

まずは運動盤の上に〈せとゆき〉を基準艦とした○○○陣形の図を書き、その陣形を形成したとき自艦から見える〈せとゆき〉を見る方位距離を把握。

次に、その位置に占位するには現在の位置から針路を何度に取ればよいかを割り出さなければならない。

○○○陣形全体を上から俯瞰する視点と、自艦から基準艦を見る相対的な視点の二つが必要となる。

デキる人は自然と両者を同時に働かせながら操艦するわけだが、私にはどう頑張ってもそれができなかった。

そもそも、運動盤の上に○○○陣形を描くことすらできない。

そんな状態で夜間の実習幹部当直士官として羅針盤の前に立つわけである。

まったく恐ろしいとしかいいようがない。

もちろん、となりには〈かしま〉の当直士官がおられ、艦長席には〈かしま〉艦長がおられるわけだから、いざというときは助けていただけるだろうが……。

せめてもの救いは、WAVE実習幹部のエースであるI黒三尉とペアという点だけ。

さて、私が実習幹部当直士官として立直中に、とうとう恐れていた指令が下された。〈せとゆき〉を基準艦として、架空の数隻とともに○○○陣形をつくれ、というのである。

こうなることを予想して、あらかじめ運動盤を作成してはきたが、指定された位置が予想とは違っていた。

ゲッ！　そうきたか！　頭の中はパニックである。

「まもなく発動されるぞ。発動したらどうするんだ？　どっちに舵を取るんだ？」〈かしま〉当直士官が横から次々とプレッシャーをかける。

もう奥の手を使うしかない。

奥の手とはズバリ「バカの三〇度」。

陣形運動、占位運動で進むべき針路が分からなくなったら、右か左かだけを判断して、とりあえずどちらかに三〇度舵を取るのである。

そうして時間を稼ぎながら、頭の中で計算をして、正確な針路にもっていくのだ。

意外にあなどれない「バカの三〇度」は占位運動の裏ワザとして、艦艇部隊で語り継がれている。

「おもーかーじ！」

とりあえず右と判断した私は発動と同時に面舵三〇度を取った。

頭の中で忙しなく計算をスタートしたものの、艦のスピード（さほど速いわけではない）に計算が追いつかない。

頭（頭の中の計算）より先に艦を動かすな、と候補生時代から叩き込まれているはずなのに……。

「おい、どこまで行くんだ？　占位先はどこなんだ？　分かっているのか？」

次から次へと圧迫試問が飛んでくる。

「もういい。当直士官交替しろ！」

あえなく撃沈して、I黒三尉と交替である。

それにしても、私の操艦でガタガタになった〈かしま〉を立て直し、正しい占位位置までもっていったI黒三尉の腕前はたいしたものである。

まさに地獄に仏で、救われた次第だが……。

同じ実習幹部なのに、この差は何なんだ？

と、さすがの私も落ち込んだ。

広々とした外洋で自身のふがいなさに涙する、苦い夜間航海訓練の夜だった。

空母インディペンデンス

遠洋練習航海実習は長い。落ち込む日もあれば、うかれる日もある。

米海軍の空母インディペンデンスと太平洋上ですれ違いざまにパスエクササイズを行なう日がやってきた。

エクササイズというくらいだから歴とした訓練なのだが、どちらかというと訓練見学といったほうがいいかもしれない。

訓練を行なうのは米海軍のほうで、しかもその訓練とは艦上機の発着艦訓練！

F－14トムキャットやA－6Eイントルーダーといった艦上機が次々と勇ましく艦を飛び立っていく姿を私たち練習艦隊は間近にナマで見られるのだ。

望遠カメラを片手に〈かしま〉の上甲板に集まる実習幹部たち。

「写ルンです」しか持っていない私も、とりあえず「写ルンです」を携帯して上甲板に出た。

いざ会合海域に姿を現したインディペンデンスを見た感想はまず「デカい」！

「ほうぅ」とか「へぇぇ」とか、感嘆符ばかりで、ほかに具体的な言葉が浮かんでこなかった。

〈かしま〉の実習幹部の目の前で発着艦訓練を行なう米空母インディペンデンス。空母上空に発艦直後のE-2C早期警戒機が見える〔撮影・菊池雅之〕

以降の発着艦訓練はさらに感嘆符の嵐。まず、キーンという戦闘機特有のエンジン音と爆音。

飛び立ったかと思うと、あっという間に見えなくなる。

発艦する機種を〈かしま〉の艦内マイクが教えてくれるのだが、あまり詳しくない私には、どれがどの機なのかよく分からなかった。

それでも、あの臨場感と迫力はいまだに忘れられない。

南の海で熱くなった甲板が、興奮でさらに熱くなった。

訓練という名のかぶりつきの航空ショー、観艦式である。

「写ルンです」では、戦闘機の機影はほとんどまともに捉えられなかったが、インディペンデンスをバックに撮ったスナップ写真からは、大興奮の〈かしま〉上甲板の熱気が伝わってくる。

第3章　最初の寄港地シンガポール

洋上慰霊祭

空母インディペンデンスの搭載機発着艦訓練の見学で盛り上がった〈かしま〉だったが、翌日はフィリピンのパラワン島沖で旧帝国海軍が繰り広げた激戦に思いを馳せる一日となった。

戦史にあまり詳しくなかった私は、「たしか戦艦『武蔵』が沈んだのが、この辺りだっけ？」という程度の認識だった。

正確には「武蔵」の沈没海域はフィリピンのシブヤン海である。

戦史の中ではレイテ沖海戦と呼ばれる一連の海戦は、一九四四年一〇月二〇日から

5月28日夕刻、フィリピン・パラワン島沖を航行中の〈かしま〉後甲板で実施されたレイテ沖海戦の洋上慰霊祭。実習幹部も白の礼装で参列〔撮影・菊池雅之〕

二五日にかけてフィリピン付近の広大な海域で繰り広げられた旧帝国海軍のまさに死闘だった。

武蔵、愛宕、摩耶、鳥海、山城、扶桑……。

いったいどれだけの艦がこの海域に沈んでいることか。

まさにその上を私たちは航行していたのである。

海に眠る無数の英霊たちに祈りを捧げるべく、五月二八日の夕刻から〈かしま〉後甲板で洋上慰霊祭が行なわれた。

日中、容赦なく照りつける太陽のおかげで、甲板の熱で目玉焼きが焼けるほど熱せられた〈かしま〉は夕刻になったところで、いっこうに涼しくならなかった。

死闘の海戦が繰り広げられたのは一〇月

だが、やはり暑かったにちがいない。

じっとりと汗ばんだ肌に白の礼装をまとって〈かしま〉の後甲板に整列する。

整列している間にも、幾筋もの汗が背筋を流れていった。

WAVEは白のブレザータイプの上衣なのでまだマシだが、男子は白の詰襟なので大変だっただろう。

首筋に汗の玉を浮かべている実習幹部も大勢いた。

長谷川練習艦隊司令官が海に向かって慰霊の言葉を述べ、儀仗隊による弔銃が発射された。

「弔銃発射」を目にするのは、これが初めてである。

海に向かって、やや上方に小銃を構え、一斉に発射するのだが、一発ごとに次の発射までの発射間隔を音楽隊の演奏が埋めるのだ。

弔意を表すにしては威勢のいい演奏で、「弔銃」とはこういうものなのかと新たに知った。

その後、「海ゆかば」がゆっくりと演奏され、これには大いに心が揺さぶられた。

「黙禱！」

制帽を取り、南の海に黙禱したが、私たちの祈りは海に眠る御魂に届いただろうか。

応急操舵

さて、翌日はまた訓練である。

今度は応急操舵部署で、私の実習配置は実習幹部砲術士だった。

つまり、実習幹部として〈かしま〉砲術士の役割を果たさねばならない。

指導官はもちろん〈かしま〉砲術士のG賀二尉である。

応急操舵部署が発令されたとき、どの艦でもたいていは砲術士や水雷士など第一分隊の士《さむらい》配置の者が舵機室の現場指揮官につく。

「教練舵故障！　応急操舵配置につけ！」

部署発動とともに、私は舵機室に急行した。

舵機室は艦尾についている舵の真上にある。

まさに、足下に艦の舵の動きを体感できる場所なのだが……。

ここには冷暖房などは一切ない。

南の海の熱気のおかげですっかり天然サウナと化していた。

艦艇乗組員は部署にあたる際、作業服のズボンの後ろポケットに軍手と手ぬぐいを入れているのだが、暑さのあまり、この手ぬぐいを首に巻いて、流れる汗を抑えたような

南方洋上で実施された応急操舵訓練。蒸し風呂状態の〈かしま〉舵機室で油圧ポンプレバーを上下させて人力操舵を行なう〔撮影・菊池雅之〕

気がする。

一口に舵故障といっても、舵を動かす油圧系統の故障なのか、艦橋からの舵取信号を流す電気系統の故障なのか、故障の原因を見極めるところから始めねばならない。

まずは人力《じんりょく》操舵を行なう。

舵取り作業員が右と左の二手に分かれて手動で舵を動かすのだ。

具体的には舵板の上の油圧ポンプレバーを二人一組でシーソーのように上下させて舵板を動かす。

現場指揮官の吹く笛がタイミングを合わせる合図となるわけだが、指揮官の仕事はただ笛を吹くだけではない。

作業員総員を配置して艦橋からの指示を徹底させ、現場の状況（舵の状態）を艦橋へ適切に報告しなければならない。

舵機室の前部中央には艦橋の操舵コンソールと同じく、現在の舵が何度なのかを示す計器が付いている。

「舵機室〇〇度！」

伝令を使って適宜報告も上げねばならない。

第一回目は私が指揮を執ったわけだが、これがまた悲しいくらいにグダグダだった。

G賀二尉の怒声が熱気ムンムンの舵機室に響く。

一方、第二回目の指揮を執ったI黒三尉の手腕はみごとだった。

作業員たちを素早く右と左に分けて配置につかせ、笛の吹き方もタイミングを取りやすく、艦橋への報告も適切である。

「I黒、満点！」

G賀二尉がニッコリと両手で頭上に大きく丸を描くジェスチャーをする。

G賀二尉に怒られている実習幹部は何人も目にしたが、褒められている実習幹部を見たのはこれが初めてだった。

さすがWAVE実習幹部のエース、I黒三尉だ。

そうこうしているうちにも、応急操舵の訓練シナリオは進んでいき、舵故障の原因が電気系統の故障であると判明した。

機関科の電機員が「予備品あれば修理可能」と判断して、修理が開始される。

「修理に要する時間、一〇分!」

え? そんなに簡単に修理できちゃうの? と、驚くところだが、これは訓練だからであって、実際の舵故障の場合はそう簡単にいくとは限らないだろう。

げんに、遠洋練習航海実習に先立つ国内巡航では、老齢の練習艦〈まきぐも〉が舵故障を起こして、何度も応急操舵を行なっていた。

「〈まきぐも〉応急操舵実施中」の艦内マイクを私は旗艦〈かとり〉で聞きながら、「〈まきぐも〉、大丈夫かなあ?」と心配したものだ。

〈まきぐも〉がどのようにして舵故障を克服して国内巡航を乗り切ったか分からないが、〈かしま〉の応急操舵訓練はシナリオどおりに舵が復旧して終了した。

天然サウナの舵機室で汗を流し、約一キロとまではいかないにしても、約五〇〇グラムくらいはやせただろうか。

流した汗の中には、もちろん冷や汗も含まれている。

戦闘運転・戦闘応急・非常配食

護衛艦が普通の艦船と大きく異なる点は、なんといっても戦闘を前提とした装備になっている点である。

遠洋練習航海実習で航海技術を磨くのはもちろんだが、護衛艦であるかぎり戦闘訓練は欠かせない。

幹部候補生学校の護衛艦実習や卒業後の国内巡航で永続的に行なってきた戦闘訓練は、対水上艦戦、対空戦、対潜戦が主で、遠洋練習航海実習でもこれはくり返し行なわれた。だいたいが約半日から一日程度の訓練である。

しかし、実際の戦闘となると、必ずしも半日から一日程度で終わるとは限らないし、船体に被害を受けたりなどすれば、通常の航行は難しい。

やはり、よく行なわれる防火・防水訓練のほかにも戦闘時に特化した運転・応急の訓練は欠かせない。

〈かしま〉に乗組んで初めての戦闘運転・戦闘応急の訓練は、最初の寄港地であるシンガポール入港前、暑い南の海上で行なわれた。

この訓練時の私の配置は六二口径七六ミリ速射砲下の装塡室。

ここで朝からずっと長時間の哨戒配置についていたわけだが、この日の想定の中で、速射砲発射の場面はなかった。

つまり、たまたま出番のない配置に当たったわけだが、第三分隊の応急員の配置についていた者たちは大忙しだっただろう。

シナリオにより、次々と〈かしま〉の被害箇所が設定されていき、やがて昼食時となった。

ここでいよいよ、私に出番が回って来た。

同じ配置についている者たち総員分の非常配食を受け取って来いというミッションである。

受け取り場所は食堂なのだが、被害により閉鎖されている設定の場所は通れない。あらかじめ艦内図で通行不可の場所をチェックし、どのルートを辿って食堂まで行くかを指揮官配置の者から指示された。

〈かしま〉射撃員の海曹二人とともに、いざ出発！

ところが、日ごろからよく訓練されているとみえて、この海曹二人の足の速いこと速いこと……。

「なにやってんですか！　早く早く！　非常配食受け取りはスピード第一ですよ！」

ルートの確認どころか、私はついていくのが精一杯だった。

ようやく食堂に辿り着くと、テーブルには〈かしま〉総員分のおにぎりがズラリ。

すごい……。

おにぎりを作る機械など搭載しているわけがないので、すべて調理員の方々の手作りである。

おにぎり二個と付け合わせのたくわんで一人分の配食。

これが透明なプラスチックのパックに入って並んでいたように思うのだが、竹の皮を模したプラスチック製の包みに入っていたようにも思う。戦闘服装にヘルメットを被った〈かしま〉補給長が、テキパキと受け取りにきた人員のチェックをして、各配置分のおにぎりパックを「持ってけ！」と配っていた気がする。

たしか、受け取りまでに要した時間もチェックしていたのではないか。だから「スピード第一」だったのだろう。

とにかく追い立てられるようにして、この非常配食を雑嚢の中に詰める。

その間にも各配置から続々と受け取り作業員が到着して、いざ帰投。

帰りももちろん、スピード第一である。

非常配食の配食始めは受け取り作業員の帰還次第で任意だったたと思う。装塡室の中で、おにぎりとたくあんを頰張ったわけだが、現場で食べる昼食には、ふだんの艦メシとは一味ちがう美味しさがあった。

赤道祭

訓練を続けながらも、〈かしま〉はひたすら南下を続け、いよいよ赤道を超える日がやってきた。

それは「艦首に赤道の赤い帯が見えてきた！」という茶目っ気たっぷりの艦内マイクから始まった。

「え？　どこ？　どこ？」

と、艦橋に続くラッタルに足をぶつける勢いで駆け上がってきた司令部の方がいたとか、いなかったとか……。

それはさておき、この遠洋練習航海で赤道を越える際、艦上で赤道祭を催すという伝統（？）があるらしく、〈かしま〉艦上でも例に漏れずこの大がかりなイベントが催された。

イベント会場となったのは〈かしま〉後甲板である。

イベントの幕開けは、〈かしま〉艦長による「赤道門の開錠」である。

ちょっとしたステージが設けられた後甲板で、〈かしま〉艦長のK藤一佐と〈かしま〉乗員が扮する赤道を守る鬼たちの寸劇が始まった。

「我々は、この赤道を守っている鬼だぁ！　ここを通して欲しければ、かわいい女を連れて来い！」と鬼が叫べば、K藤艦長も負けじと「女なら本艦に乗っているぞ！」とやり返す。

「どぉこにいるんだぁ！」

「ほぅら、そこにいるだろう？　見えんのか！」

ここで浴衣に着替えた私たちWAVEの登場である。

「うーん、まあいいだろう。通してやる！」

鬼たちから赤道門の鍵（大きく鍵型に切った段ボールにアルミ箔を貼り付けたもの）を受け取ったK藤艦長が、ガチャリと鍵を開けるパフォーマンスをする。すると、途端に盛大な音楽が流れて赤道門の扉が開いた。

大歓声の中、いよいよ赤道祭のスタートである。

この日は特別に飲酒も許可され（※現在はいかなる場合も艦内飲酒は厳禁！）、〈かしま〉後甲板のステージでは、実習幹部や乗員による寸劇やカラオケが次々と披露された。一部を紹介すると……。

実習幹部によるモノマネでは、Y口三尉扮する「G賀二尉」が大ウケ。

かねてより、G賀二尉と顔が似ていると評判だったY口三尉は、二尉の階級章をつけ、腕まくりした作業服姿（腕まくりはG賀二尉の定番スタイル）で、鬼気迫るBGMとともに登場し、後甲板に睨みを効かせて去る。……と、たったこれだけで後甲板は大爆笑。なにしろ顔が似ているので、特別な演技をしなくてもホンモノそっくりなのだ。

WAVEではT村三尉が艶やかな浴衣姿で森高千里の「気分爽快」を「飲もう♪」と爽やかに熱唱。

〈かしま〉後甲板で行なわれた「赤道祭」の寸劇で、赤道門を守る鬼たちへの「貢ぎ物」に扮した浴衣姿の女性実習幹部。右から2人目が著者〔著者提供〕

「赤道祭」カラオケ大会で審査員を務める著者(審査員席右端)。審査員席のすぐ左に立つのが"かしま同期"のフォトジャーナリスト菊池雅之氏〔著者提供〕

同じくWAVEのK野三尉は〈かしま〉応急長のH山二尉とデュエット。K野三尉のしっとりとした歌唱力はハンパなかった。

そして、圧倒的なパフォーマンスで後甲板を席巻したのは、〈かしま〉第一分隊砲雷科のE名三曹である。

長い髪のかつらに黒タイツというセクシーな女装スタイルによる「伊勢崎町ブルース」は、イントロの段階から大盛り上がりを見せた。

私は訓練幕僚補佐Aや歯科長とともに、カラオケ大会の審査員役を務めていたのだが、会場の一般投票も含めて、E名三曹がぶっちぎりの優勝だった。

優勝の景品はたしかビール半ダースだったか？　そのあたりの記憶はあやしい。

シンガポール入港・スタンプラリースタート！

前日に〈かしま〉後部甲板で行なわれた赤道祭の余熱をまだ引きずりながらも、平成七年六月二日、私たち日本国練習艦隊は、最初の寄港地であるシンガポール沖に仮泊し、翌三日にはセンバワンという港に入港した。

晴海出港以来、一一日ぶりの入港である。

登舷礼式のため、後部甲板の入港岸壁側に等間隔で整列して入港したわけだが、最初の寄港地として印象深いはずなのに、どういうわけかあまり記憶に残っていない。

今になってその理由を考えると、この後の寄港地の印象があまりに強烈だったり、特徴的だったりしたためではないだろうか。

まったく歓迎を受けなかったわけではないが、とくに記憶に残るような歓迎を受けたわけでもない、といったところだろうか。

なにはともあれ、訓練づくめの日課から解放されたことはうれしかった。

かしま実習員講堂では寄港地事情講話が行なわれ、私たちは久しぶりの上陸に胸をときめかせた。

と同時に、ここから「平成七年度日本国練習艦隊遠洋練習航海巡航記念」のスタンプラリーが始まったのである。

は？　スタンプラリー？

と思われる向きも多いかと思うので説明を加えておくと……。

世界地図の描かれたA3変形サイズの色紙を台紙として、その上に各寄港地の切手を貼り、さらに各国の郵便局の消印《スタンプ》を押してもらうという、艦隊あげての試みなのである。

色紙の世界地図には今回の寄港地の地名と滞在日程が印字してあり、私たちは寄港地上陸と同時に各地の郵便局で、寄港した国のところに切手を貼って消印を押してもらわねばならないミッションを負う（すでに日本国の分の切手は晴海で貼付押印済み）。

ミッションといってもべつに強制ではなく、ただ貴重な遠洋練習航海実習の記念として参加したい者は参加すればいいというスタンスだった。

だが、私の知るかぎり、このスタンプラリーに参加していない実習幹部は一人もいなかったように思う。

皆、自身のためというより色紙をお土産代わりに家族や友人に配るために参加しており、一人当たりだいたい五枚から一〇枚くらいを抱えていたように思う。

ちなみに私は五枚である。

なにはともあれ最初が肝心。

最初の寄港地シンガポールで上陸したら、真っ先に郵便局を見つけてスタンプを押してもらわなきゃ！

変な使命感に燃えて初上陸を果たしたのだった。

世界三大ガッカリ「まあ、ライオン」

寄港地研修の最初に訪れたのは、P・S・A（シンガポール港湾局）だったように思う。

しかし、残念ながらこの港湾局の記憶はあまり残っていない。

スタンプラリーの使命感が強すぎて気もそぞろだったせいかもしれない。

シンガポール研修での私の記憶は、なんといっても「マーライオン」から始まる。

ご存知のとおり、シンガポールの「マーライオン」といえば、ブリュッセルの「小便小僧」、コペンハーゲンの「人魚姫」とならぶ「世界三大ガッカリ」の一つ。

いったいどんな基準で選ばれた「ガッカリ」なのか定かではなく、当時の私は「三大ガッカリ」などという括りさえ知らず、いきなり当の「マーライオン」と対面したわけだが……。

記念すべき第一印象は「え？　これ？」だった。

そもそも「マーライオン」とは、上半身がライオンで、下半身が魚という、シンガポール建国にちなむ伝説の生き物らしい。

シンガポールの観光用ガイドブックやパンフレットなどで目にする「マーライオン」はきらびやかな夜景をバックにライトアップされ、口からガーッと勢いよく水を吐いた、見上げるほどに大きな彫像である。

ところが、私が目にしたのは、私の身長より小さい、なんともコンパクトな白い彫像だった。

口から水も吐いておらず、イメージとしては神社の狛犬に近い。

せめて高い所にあれば見上げることもできただろうが、平地にちょこんと置いてある感じなので、つい見下ろすように眺めざるをえない。

まさに、まあ、ライオン……である。

私だけでなく、ほかの実習幹部たちも口々に「さすが、世界の三大ガッカリだ！」と感心していた。

今にして思えば、噂どおりのガッカリ物件だったわけだが、逆に今だからこそ冷静にガッカリの理由を究明できるかもしれない。

じつはあのとき私たちが目にした「マーライオン」は通称「ミニ・マーライオン」と呼ばれているほうのマーライオンではなかっただろうか。

よくガイドブックなどで見かける、勢いよく水を吐いている「マーライオン」はじつは、八メートルほどもある彫像で、私たちが寄港した際は別の場所にあった可能性がある。

インターネットで調べてみると、この大きな「マーライオン」は二〇〇二年に現在の場所に移されたというのだ。

つまり、私たちが寄港した一九九五年には、マーライオン公園に大きな「マーライオン」はいなかった？

あるいは、マーライオン公園にいたとしても、ポンプが故障していて水を吐ける状態ではなかった可能性もある。

いずれにせよ、大きいほうの「マーライオン」を見ずに「ミニ・マーライオン」のほうだけを見て、「これがマーライオンだよ」と説明されれば、誰もが「え？　これが？」とガッカリするにちがいない。

現在は、大きい「マーライオン」と「ミニ・マーライオン」はマーライオン公園の中に、背中合わせの位置で立っているらしい。

ポンプの故障も復旧し、勢いよく水を吐けるようになった「マーライオン」は、「世界三大ガッカリ」の汚名を払拭すべく、眺望のいいスポットとして人気を取りもどしているようだ。

シンガポール植物園と英国ガーデン

寄港地研修では、いわゆるシンガポールの名所をいろいろと回ったが、シンガポールのイメージはおしなべてキレイ・清潔。

南の国特有のねっとりとした暑さと急なスコールがたまにキズだったが、この後に寄港するインドやエジプトとは比べものにならない快適さだった。

アジアの国でありながら、アジアっぽくない洗練した街並みの中、突如として出現した感のあるチアン・ホッケン寺院は中華系シンガポール人のために建てられた道教の寺院で、これを見ると「ああ、アジアだな」という感じがした。

日本でいうと、横浜中華街のようなイメージだろうか。

チアン・ホッケン寺院あたりから、チャイナタウンが広がり、中国系の人が多くなる。使われている紙幣も米ドル、シンガポールドル、日本円とグローバルで、人種もお金も国際色豊かだ。

ショッピングスポットとして有名なオーチャード通りには、日本の有名デパートである高島屋もあり、私はここで、ローラ・アシュレイのワンピースを買った。

今にして思えば、なぜにわざわざ日常的に着るには不向きなデザインのワンピースを買ったのか疑問なのだが、研修中に突然のスコールに見舞われたおかげで、急遽、このワンピースの出番が訪れた。

シンガポール植物園の研修写真では、グリーンを基調にした英国ガーデン風のワンピースに着替えた私が写っている。

世界的に有名なシンガポール植物園のみごとな植物たちをバックに、英国ガーデン風のワンピースはグリーンつながりでそれなりにマッチしているのだが……。

どう見ても、海軍士官の寄港地研修には見えない。

なにか間違えている感がハンパないのだ。

結局、このワンピースのお披露目はこのシンガポール植物園と日本に帰国して数年たってからの二回だけ。

貴重な二回目のお披露目は、自身の結婚式の二次会である。

華やかなパーティードレスで出席してくれた友人たちに囲まれながら、ここでも英国ガーデン風ワンピースは、なにか間違えている感を遺憾なく発揮してくれたのだった。

〝かしま同期〟のジャーナリスト菊池雅之氏

さて、今さらながらのご登場だが、この遠洋練習航海実習では、現在「自衛隊取材といえば、この人」というくらいご活躍中の軍事フォトジャーナリスト・菊池雅之氏が同行されていた。

そう、菊池氏と私たちは〈かしま〉で同じ釜の飯を食べて世界一周した〝かしま同期〟なのである。

菊池氏は当時からスレンダーな体型のイケメンジャーナリストでいらっしゃったが、航海中は相当船酔いに苦しまれたようで、晴海出港以来、ますますスレンダーになられていた。

細身の身体に大きなカメラが痛々しい印象だったのだが、シンガポールに入港の頃には船酔いから解放され、ようやく元気な明るい笑顔を取り戻されていた。

じつはこの頃、菊池氏が〈かしま〉艦上で撮影した赤道祭の写真と記事が日本の写真週刊誌に掲載されて、私たちWAVEの艦上浴衣姿が家族や友人たちの間で話題となっていたらしい。

帰国してから、その週刊誌を見た友人には「『ここに写ってる人、私の友だちなんだー』って、ほかの人に自慢しちゃったよ」とはやされ、家族からは「艦の上も結構楽しそうじゃないの」とひやかされた。

日本ではちょうどオウム真理教の一連の事件が明るみに出ていた頃で、その週刊誌の表紙は教祖麻原彰晃の妻、松本知子氏の顔だった気がする。

しかし、世間を震撼させた一連の事件の記事よりも、家族や友人たちの間では菊池氏の取材された「赤道祭」のほうが断然インパクトが強かったようだ。

ラッフルズホテルでシンガポールスリングを

シンガポールでは、寄港地研修のほかに自由時間もあった。

上陸許可の時間となってから繰り出したのは、ラッフルズホテル。

ご存知のとおりラッフルズホテルはシンガポールの創設者であるトーマス・ラッフルズの名にちなんで建てられた、コロニアル洋式の最高級ホテルである。

村上龍の小説のタイトルにもなっており、私はシンガポールに寄港したら「ラッフルズホテルでシンガポールスリングを飲む」ことを一つの目標にしていた。

できれば宿泊したいところだが、なにせ最高級のホテルであるし、こちらは一介の〈かしま〉実習幹部。

どんなことがあっても帰艦時刻までにはセンバワンに停泊中の〈かしま〉に戻らねばならない。

上陸が許可されるやいなや「早く艦から遠ざかれ」とばかりに、一路ラッフルズホテルを目指した。

時刻はちょうど日暮れ時。

身体にまとわりつくような暑さは少しも引かなかったが、気だるい夕暮れの街並みに白く浮かび上がるラッフルズホテルはなかなかにエモーショナルなものだった。

まさにガイドブックに載っているとおりのイメージで、「マーライオン」のように「え?」という肩すかしはない。

宿泊客以外の客にも中庭（パームコート）が解放されており、芝生の上には白いテーブルセットがいくつも用意されていた。

南の国らしく、ところどころにヤシの木が植えられており、なかなかに雰囲気がある。欲を言えば、日が暮れたのだからもう少し涼しくなってくれればなあ、というところ。

吹く風はなまぬるく湿っており、中庭だけに冷房はない。

せめて冷たい飲み物でも飲んで、身体を冷やしたい。

注文したシンガポールスリングの到着がひたすら待ち遠しかった。

待っている間に周りを見渡すと、中庭にはヨーロッパ系、アジア系、さまざまな人種の人々がいた。

中には〈かしま〉や僚艦の〈せとゆき〉の乗組員の方々や私と同じ実習幹部の姿もちらほら。

やはり、私と同様にシンガポールに来たからにはラッフルズホテルでシンガポールスリングを……と考えたのだろうか。

さて、いよいよ到着したシンガポールスリングのお味は……。

私はお酒をまったく飲めないタイプなので、くわしく酒レポできなくて申し訳ないのだが、このカクテルは酒として楽しむより、見た目や雰囲気を楽しむための飲み物だと思う。

浅黒い肌のボーイさんによって運ばれて来たシンガポールスリングを見た瞬間、私は「あ、夕焼けが運ばれてきた！」と思った。

かつて、イギリスの作家サマセット・モームがラッフルズホテルから見える夕日を「東洋の神秘」といって讃えたことにちなんで作られたカクテルだというが、シンガポールスリングの色はまさに夕焼け色だった。

ジンをベースにソーダで割ったカクテルで、グラスの縁にはスライスされたパイナップルが挟んである。

ストローで吸って飲むと、冷たくて甘い味が広がった。

口当たりが良いのと、冷えた飲み物が心地よいのとで、ついグイグイと飲んでしまったところ、後になってジンのアルコールが効いてきた。

冷たい飲み物を飲んで涼しくなるどころか、血のめぐりが早くなって逆に熱い（暑い）。

一緒に外出した実習幹部に、シンガポールスリングを飲んでいるところを撮影してもらったのだが、そこにはシンガポールスリング顔負けに赤い顔をした私が写っていた。

第4章　荒れる大洋をインドへ渡る

次の配置は第二分隊

しばしの寄港地上陸で羽を伸ばした後は、またしばらく訓練づくめの航海がつづく。もちろん、早朝の天測訓練も……。

清潔でキレイなシンガポールにいつまでも留まっていたい気持ちを引きずりながら、私たちは次の寄港地であるインドのボンベイ（現・ムンバイ）に向けて出港した。

最後のなごりにシンガポールではチョコレートをたくさん搭載した。

候補生時代から〝チョコタービン〟の異名を持つ私は、燃料のチョコレートを食べないと元気がでない。

日本から搭載してきたチョコレートもちょうど底をついていたので、今後のための燃料搭載である。

今でも覚えているのは、マーライオンのマーブルチョコレート。あの〝世界三大ガッカリ〟の一つであるマーライオンをかたどったもので、ホワイトチョコレートとカカオチョコレートから成るマーブル模様のチョコレートである。航海中の燃料用と日本帰国後に配るお土産用とに用途を分けての搭載だった。

それはさておき、出港後の実習はそれまでの第一分隊配置から第二分隊配置へと配置替えがあり、私たち一組第一二班は赤腕章から黄腕章に腕章を巻き替えて実習にあたるはこびとなった。

〈かしま〉の艦内編制では、第二分隊は船務科・航海科の二つの科から成る。船務科は主に電測・電信関係を受け持ち、航海科は航海・通信関係（手旗・発光など）を受け持つ。

私の第二分隊配置での初実習は電信室当直だったように思う。〈かしま〉の電信室はとても広く、いったん入室すると、艦内だということを忘れてしまうほどだった。

一見、ごく普通のオフィスビルのワンフロア、あるいは学校の職員室といった感じである。

さすが電信室というだけあって、ここでは毎日とてもたくさんの電報がやり取りされており、その内容によって秘匿度が違ったり、取り扱いが違ったりする。

東京から遠く離れた南半球、それも海の上にいながらにして、電波でやり取りできるなんて不思議だなあ。

などと感心しつつも、実習員用の席について、いろいろな電報の種類について学んだ。

この実習員席の上には「電信室日誌」というノートが置いてあり、当直についた実習幹部はその日の実習事項や申し継などを書き込んで、次直に伝える習いになっていた。

私が当直についたときは、すでにかなりの量の書き込みがしてあり、これを読むのはなかなか楽しかった。

指導官から試問されそうな内容や、その試問事項に対する模範解答……といった「傾向対策」的なものから、その日に起きた出来事の記述まで、書き込みは多岐にわたっていた。

なかでも、とある実習幹部のシンガポール停泊中の記述は日誌というより完全に日記になっていて笑えた。

一人で寄港地上陸してあちこち歩きまわったのはよいが、帰りのタクシーで「センバワン」と告げたにもかかわらず、なぜか「センダウイング」というところに連れて行かれ、さんざんな目に遭いながら帰って来たという顛末記である。

おそらく発音がイマイチなため「センバワン」を「センダウイング」とまちがえられてしまったのだろう。

よくぞ帰艦遅延せず無事に停泊中のセンバワン港まで帰って来れたものだ。

これがシンガポールだったからまだよかったものの、次の寄港地であるインドだったら、そうはいかない。

実際、インドのタクシーで一杯くわされて悔しい思いをすることになるとは、このときの私はまだ知らなかった。

揺れるよ揺れる、インド洋！

さて、〈かしま〉はマラッカ海峡を抜けていよいよインド洋へ……。

と、ここでふたたび〈かしま〉を荒波が襲ってきた。

たしか天測計算の試験があった日ではなかっただろうか。

どうしてこうも天測計算と激しい動揺はセットなのだろうか。

晴海出港後、初めての天測計算の講義の最中に猛烈な船酔いに見舞われた悪夢がよみがえる。

ただでさえ計算が苦手なうえ、荒波とくれば、まともな計算ができるわけがない。

おそらく試験の結果は惨憺たるものだったと思う。

どんよりとした気持ちで、実習員講堂から寝室へと引き上げる最中も船体が大きく傾いて、とてもまともに歩けたものではない。

しかしながら……。

あれ？　前回ほどではないぞ。

船酔いに免疫というものがあるのかどうかしらないが、明らかに前回の船酔いほどひどいものではない。

多少、慣れたということだろうか。

あちこちぶつかりながら、寝室に入ると、そこかしこのベッドからは苦しげなうなり声が……。

やはり、辛い人にとっては辛い波なのだ。

波にも相性があるのか、船酔いにも個人差があるらしい。

インド洋の波と私は多少相性がよかったのかもしれない。

逆に、前回はそれほどでもなかったが、今回のインド洋は駄目という人もいた。

私の上のベッドで寝起きしていたS賀三尉などは、ベッドのカーテンをピタリと閉めたきり、しばらく出てこなかった。

生死も危ぶまれるほど静かだったが、ときおり、ゴソゴソと身体を動かしている気配がしたので、まあ生命に異常はないのだろう。

私も少し仮眠を取ろうとして、ベッドに入り、カーテンを閉めた。

その途端……。

いきなり船体が大きく傾いて、閉めたばかりのカーテンにビシャーッと何かがかかった気配がした。

まさか、波？

いやいや、ここは艦内の寝室。外舷にいるわけじゃないんだぞ。

あわててベッドから半身を起こすと、上のほうから「ごめん〜」とS賀三尉の声。

「コーラ、こぼしちゃった……」

言われてみれば、液体のかかったカーテンからは、シュワシュワとコーラの発泡する音がする。

どうやらS賀三尉は、船酔いの辛さをコーラで紛らわせようとしていたらしい。

たしかに炭酸でシュワッとすっきりしたい気持ちも分からなくはない。

これからボンベイ到着まで、どれだけ揺れるんだろう？

さほど船酔いのキツくなかった私でも、不安な気持ちになった次第である。

予定より遅れてボンベイへ

次の寄港地であるボンベイには、予定より一日遅れての到着となった。

理由は、インド洋で同期の実習幹部一名が行方不明となり、その捜索にあたっていたためである。

本稿執筆にあたり、この出来事について触れるべきか触れずにおくべきか、非常に迷った次第だが、まったく触れずにおくのも、いかがなものかという考えにいたった。

しかし、私の主観で事細かに書き立てるのもまたいかがなものか。

よって、行方不明者が一名出たという事実、〈かしま〉は全力で捜索にあたったが残念ながら行方不明者を発見できなかったという事実のみ一言記しおき、稿を先に進めさせていただくことにする。

殉職した同期に対しては心よりご冥福をお祈りするとともに、彼の分までがんばらねばと思っている次第である。

さて、ボンベイ入港時の第一印象は……。

初めてのインドの風景よりも強烈だったのは、まず異様な臭いだった。

寄港地入港時の恒例として、実習幹部は外舷沿いに整列し、登舷礼式を行なうわけだ

ボンベイに入港した練習艦隊をインドの楽隊が歓迎してくれた〔撮影・菊池雅之〕

が、その臭いは「え？」と思う間もなく上甲板を席巻した。

「なんだ、こりゃ？」

誰もがそう思いながら上甲板に整列していたのではないだろうか。

今まで嗅いだことのない臭い、日本ではまずありえない臭いだった。

ありえない臭いなので形容するのも難しいが、しいていうなら、ドブ川の臭いにわけのわからないスパイスを思い切り振りかけた臭い……とでもいうべきだろうか。

海の色は茶褐色で、ちょうどコーヒーのような色である。

しかし、臭いは強烈で、とてもコーヒーどころではない。

一刻も早く登舷礼式をやめて、上甲板から逃げ出したいところだった。

いくら鼻で呼吸をするのをやめても、臭いというものは全身を通して感覚に訴えてくるものなのだ。

せめてもの救いは、入港したおかげでインド洋の揺さぶりから解放されたという点のみ。

前回のキレイすぎるシンガポールとのギャップに打ちのめされたボンベイ入港だった。

スタンプラリー公用使

打ちのめされたのは臭いだけではない。

入港前に行なわれた寄港地講話によると、インドでは物乞いは当たり前。スリや泥棒も多く、切手を貼った手紙を街頭にあるポストに投函してはならないという。

切手泥棒というのがいて、ポストの中の手紙から切手を剥がして盗んでしまうのだそうだ。

だから、インドから日本に宛てて手紙を書きたいのであれば、大使館に手紙を預け、大使館を通して出してもらうのが確実とのこと。

それなら、わざわざポストがある意味なんてないじゃん！

そもそもインドの郵便局自体、ちゃんと機能しているのかどうかあやしい。

ということは……、大きな心配が持ちあがる。

例のスタンプラリー、「平成七年度日本国練習艦隊遠洋練習航海巡航記念」の色紙問題である。

インドで切手を入手して消印を押してもらうなんて可能なの？

しかし、ここで、この色紙問題に昂然と立ち向かう人物が現われた。

実習幹部のK藤三尉である。

K藤三尉の意見は次のとおり。

色紙問題はもはや個人の問題ではなく、練習艦隊上げての問題なのだから、スタンプ要員として公用使を立てるべきだ！

公用使とは、文字どおり公《おおやけ》の用事を務める係のこと。

パチパチパチ……。

素晴らしい提案である。

K藤三尉の意見は満場一致で認められ、ただちに実習幹部を代表して何名かの公用使が立てられた。

各組ごと。あるいは各班ごとに色紙が集められ、それを公用使がまとめて預かり、大使館を通して切手に消印を捺してもらってくるというわけである。

やれやれ、これで一安心。

色紙問題は公用使を立てることで、無事クリアできるはこびとなった。

日印友好バレーボール大会

さて、ボンベイ入港翌日、私たち実習幹部は三つのグループに分かれて、最初の研修を行なった。

一つ目のグループはインド海軍主催の日印友好バレーボール大会参加、二つ目のグループは海軍士官学校研修、三つ目のグループは海軍工兵学校研修である。

グループ分けは練習艦隊司令部によって行なわれ、どんな基準で分けられたのか、詳細は定かではない。

私はなぜかバレーボール大会参加のグループに選ばれていたが、決してバレーボールが得意だったわけではない。

中学・高校時代に体育の授業でサーブが入っただけで「わー、すごい!」と喜ぶレベル。

しかし、選ばれたからには強制参加である。

体操服装に着替えて、インド海軍が手配してくれた民間バスに同期とともに乗り込んだ。

バスの中では、サービスのつもりなのか、瓶入りの飲み物が配られた。

インドは暑いし、喉も渇いていたので喜んで飲みたいところだったが、待てよ……。

茶褐色の瓶は開栓されており、ご丁寧にストローまでささっている。

そのストローをよく見ると、やたらへナへナとしているうえに、どう見ても誰かが噛んだとしか思えない痕跡が残っているのだ。

このストローは使い回されている！

ゾッとして周りを見ると、ほかの同期たちも皆、瓶を手にして固まっていた。

ストローを使い回す感覚の国なのだから、瓶の中にはどんな液体が入っているか知れたものではない。

これは飲まないほうがいい。いや、飲んではダメだ！

私たちは無言でうなずき合い、得体の知れない飲み物の入った瓶を手に、ひたすらバスに揺られ続けたのだった。

インド海軍主催レセプション

バスの中の得体の知れない飲み物と使い回しのストローのインパクトがあまりに強すぎて、肝心のバレーボール大会の記憶がごっそり抜け落ちているのが残念でならない。

どうせ私のことだからたいした活躍はしていなかったにちがいない。

しかし、大会の後のインド海軍主催のレセプションのほうはよく覚えている。こちらで出された食事は安心して食べてよい、逆に食べないと失礼だから食べるようにと司令部からお達しがあったからだ。

とくに三角錐型の揚げ物が絶品で「これは何という食べ物ですか？」と、私はインド海軍の女性士官にたずねたが、彼女の発音が良すぎてよく分からなかった。

白い夏制服の上から深緑のサリーを巻いた出で立ちで、これがインド海軍女性士官の正装なのだという。

きれいな英語を話し、いかにも上流階級出身といった感じの女性士官だった。

あの三角錐の揚げ物の名前がサモサだと判明したのは、帰国してしばらくしてからのことだった。

「出待ち」のタクシー

インドのボンベイで停泊中、〈かしま〉の実習幹部当直士官に当たっていた私は、ほかの実習幹部に比べて自由時間が限られていた。

しかも、その自由時間には、停泊中にやっておきたい身の回りの用事などもあって、インドでの外出はよほど断念しようかと考えていた。

無理に外出しなくても、研修やレセプションで外には出られるわけだし、ま、いいか……。

ところが、たまたま同部屋のH三尉やI黒三尉が候補生学校の元第一分隊のメンバーで外出する相談をしているのを耳にして、ここで気持ちがグラリと揺らいだ。

帰国したらインドなんて二度と来る機会はないだろうし、この際、思い切って私も便乗させてもらっちゃおうかな。

頼んでみると、快くOKしてくれたので、元第一分隊のメンバーと一緒に、タクシーに乗り合わせてインドの街に繰り出すはこびとなった。

出がけに、私の後任当直で艦に残っているH川三尉から「外出するなら、なにかいかにもインドらしい感じのするお土産を買ってきて」と頼まれ、「よしきた、任せとけ!」とばかりに〈かしま〉を後にしたのだった。

さて、メンバーと連れ立って〈かしま〉の舷梯を下りると……。

岸壁には、商魂たくましいインドのタクシーがたくさん「出待ち」をしていた。

どの車もじつにあやしく、いかにもポンコツなのだが、「ぜひ、俺の車に乗ってくれ!」と、運転手たちのセールスがものすごい。

日本からインドのガイドブックを持参していたメンバーの一人が、インドシルクで有名な土産物屋の載っているページを見せて、「ここに連れて行ってくれるか？」とたずねると、「もちろんだ！　乗ってくれ！」という。

あやしいタクシー、みんなで乗ればこわくない……。

ぞろぞろと五人で乗り込んだ。

私は後部座席に座ったのだが、シートは茶色で埃っぽく、制服に汚れがつくのではないかと、ひたすらそればかりが気になった。

なにしろ白の夏制服であるし、横付け岸壁から洗濯用に供給された水は、洗えば洗うほどに衣類が茶色く染まるという恐ろしさ。

この先、いつまともな洗濯ができるか分からないので、できるだけ汚したくないのだ。

うかうか背もたれに背を預けることもできず、直角姿勢にて揺られること数十分。

「ほら、着いたぞ。ここだ！」

胸を張って私たちを降ろす運転手。

しかし……。

「なんか違うぞ」

「本当にここがガイドブックの店なの？」

口々に尋ねる私たちに、運転手はなぜか目を合わせない。

「まあ、まあ。いいから、入って、入って」

案内された店は、あきらかにインドシルクの店ではなく、ごく一般的なインドの土産物屋。

象の姿をしたインドのガネーシャ神の置物やら、安っぽいサリーやら……。

しかも、ここで何か買わないと外へ出してもらえないようなシステム。

どうやらタクシーの運転手とこの土産物屋の店主はグルのようで、外国人観光客を言いくるめて車に乗せ、店に連れ込んで土産物を買わせるという商売らしい。

「ああ、だまされた！　ちっくしょー！　制服さえ着てなけりゃ、ナメられなかったのになあ」

くやしがるO田三尉は自称「強面《こわもて》」だけあって、見た目がこわいのが特徴。

しかし、せっかくのこわい見た目も制服を着てしまうと、威力が半減するのだそうだ。

しかし……。ちょっと待てよ。あれ？　ふつう、逆じゃない？

制服を着たほうが威容が保たれるのでは？

海上自衛隊の白い制服に憧れて自衛官になった私としては複雑な気分だが、どうやらインドのタクシー運転手にとっては「白い制服＝格好のカモ」と映るようだ。

結局、その土産物屋で何点か土産物を買った後、私たちはインドシルクの店を求めて街中を歩いてみたが、とうとうガイドブックの店には辿り着けなかった。

しかも、歩くそばから「ルピー、ルピー」と物乞いの人たちが寄って来る。

〝ルピー〟は日本の〝円〟に相当するインドのお金の単位であり、要するに「お金を恵んでくれ」というのだ。

断っても断っても次から次へと寄ってきて、まともに道も歩けないほどで、皆、髪はボサボサでボロ布のような服を身にまとっている。

つくづくインドは身分制度のある国で貧富の差が激しいのだなあと実感した。

昨日のインド海軍のレセプションで話をした同世代の女性士官（おそらく上流階級出身）との差もはなはだしい。

だんだんとつらい気持ちになってきた。

しかし、H川三尉には「いかにもインドらしいお土産」をリクエストされている。

どれにしようかと考えたあげく、街頭で売っていたインドの神々が描かれたポストカードを自分用と合わせて購入。

結局、この日の買い物はこれだけで早々に艦へと引き上げたのだった。

歌で国際親善

貧富の差を目のあたりにしてしまった後は、日印親善のため、コーラス部隊として歌を歌いに艦発。

じつはシンガポール入港の際もコーラス部隊が結成されたのだが、このとき私はメンバー入りしておらず、インドが初めてのメンバー入りだった。

どういう基準で選ばれたメンバーだか分からないのだが、今回のインドコーラスはWAVEだけだったように思う。

WAVE実習幹部のK原三尉を中心とした、ピアノが弾けて音程が取れる人たちが音頭を取ってくれて、インド入港前から即席レッスンが始まっていたのだ。

しかし、残念ながら歌った曲目のタイトルを失念。

おそらくインドではポピュラーな曲のはずなのだが……。

日本語訳した歌詞を元にいろいろ検索してみても、今ひとつヒットしない。

しかし、曲調は明るいアップテンポで、今でもしっかり覚えている。

歌詞は著作権を侵害してはいけないので内容だけ書くと、「山にはダイヤ、波の中には真珠。宝物がいっぱいのインドは夢の国！」といったもの。

元の歌詞は英語かフランス語かヒンドゥー語なのだろうが、私たちが歌うのは日本語訳された歌詞である。

この曲を歌うために、貸し切りのバスに乗ってステージへ。向かったステージは日本でいうところの市民会館。それもちょっと大きめの市民会館といったところだろうか。

日印親善のため、ボンベイのステージで歌を披露するWAVEコーラス隊。左から2番目が著者。伴奏は練習艦隊音楽隊〔著者提供〕

ちゃんとした楽屋に通された私たちは、まるで芸能人気分である。

さすがにヘアメイクさんなどは付かなかったが、一人一席ずつ、鏡の前でメイクできるようなメイク席が設けられていた。

「けっこう大きな舞台だから、濃いめのメイクがいいかもねー」

艦では付けられないような派手な色のリップを塗ったり、髪をジェルで固めたりなどして、入念に支度を整えた。

やがて本番となり、ステージに上がると……。

けっこうな数の観客が集まっていて驚いた。

断っておくが、べつに「日本国練習艦隊WAVE実習幹部オンステージ」ということで集まっている観客ではない。

なにかの式典、あるいはコンサートのゲスト出演といった扱いだったと思う。しかし、こんな舞台の上に立って歌うなんて、高校生の時の合唱コンクール以来だ。ボンベイ入港直前に即席レッスンしただけで、ぶっつけ本番もいいところだが、それでもノリノリで日本語によるインドの歌を歌いあげると、拍手喝采。アンコールされちゃったらどうしよう～。という心配は杞憂に終わったものの、立派に歌で国際親善を果たした次第だった。

ボンベイ出港

最初の寄港地シンガポールとのあまりの違いに打ちのめされたボンベイ入港・停泊であったが、いざ出港となると、なかなか名残惜しいものがあった。きたない水やその辺で売っているものをうっかり口にできない怖さ、どこに連れて行かれるか分からないタクシー……。ボンベイ滞在中に胃腸をこわす者も多く発生した。いろんな危険に直面したわけだが、それは裏返せば、日本がいかに安全で便利な国であるか、身をもって知るよい機会となった。

遠洋練習航海実習の寄港地だからこその訪印だが、この先、身銭を切って再訪するとなると、かなりの勇気と決意を要するだろう。

つまり、二度と来ない可能性の高い国であることは疑いない。

そう思うと、登舷礼式に立ちながら眺めるきたない水さえ見納めである。

名残惜しくはあるが、あえてもう一度来たいとは思わない。

私にとってインドとは、そんな位置づけの国だった。

第三分隊配置

ボンベイ出港後、私たち一組一二班は第三分隊機関科配置となり、青い腕章を巻いて実習に臨むはこびとなった。

〈かしま〉はディーゼルエンジン二基とガスタービンエンジン二基を搭載し、両者を切り替えて使用するCODOG（Combined Diesel or Gas turbine）方式を採っている。

私たちは主にこの二つのエンジンについて学びながら機関科当直についたり、防火・防水訓練時は応急工作員の配置についたりして、現場の作業を学んでいく。

また、この第三分隊配置のときは現場作業に当たる配置が多いのが特色だった、
現場作業の流れを知るうえで重要な実習であるはずなのだが、どういうわけか、この第三分隊配置のときの記憶があまり残っていない。

第三分隊配置につきものであるOBA（防火服）も装着した覚えがない。

防火訓練といえば、OBAを装着して汗だくになりながら機械室消火にあたるのが花形配置。

また、そのOBA要員たちを指揮する現場作業指揮官も花形感がある。

そういう意味では、私はことごとく花形から外れて、脇役的配置ばかりに当たっていたのかもしれない。

ラッキーといえばラッキーだが、後にこうした体験記を書くと分かっていれば、第三分隊における花形配置に当たっておきたかったという気がしないでもない。

火災警報装置誤作動とカップラーメン

さて、〈かしま〉は次の寄港地であるアレキサンドリアを目指して、アデン湾を航行。

アデン湾といえば、現在、海賊対処行動が実施されている海域だが、おそらくこの当時もソマリア海賊は活動していたのではないかと思う。

幸い、海賊に襲われることもなく通過したが、このころ、〈かしま〉の火災警報装置が頻繁に誤作動を起こすという事象が起きていた。

原因は不明である。

誤作動のたびに、応急工作員が確かめにいくのだが、もちろん火災の兆候はない。不思議に思いながら、夜食のカップラーメンをすっていた記憶がある（誤作動はたいがい夜に発生したので）。

ここで夜食のカップラーメンについて書いておくと……。

〈かしま〉は日本出港時から、夜食及び非常食用に膨大な量のカップラーメンを搭載しており、実習幹部に関しては夜の航海直に当たった者だけに、このカップラーメンが配給されることになっていた。

出国して間もないころは、『ごんぶと』という蕎麦、しばらくすると焼きそばの『UFO』に銘柄変更となり、後半は『カップヌードル』だった。

たしかにカップラーメンは美味しく、癖になる味だが、通常の生活を送っているぶんにはさほど執着するものではない。

ところが、長い艦艇生活に加えて上陸先の食べ物が危険という状態が続くと、カップラーメンの価値が急激に跳ね上がるのである。

〈かしま〉での三度の食事は毎回工夫が凝らされており、けっして不満があったわけではない。

しかし、食事は食事。おやつはおやつ。夜食は夜食なのである。

夜食を管理している組長が組員に配る前に、自ら受け取りに出向く執着ぶりで、一組長のT田三尉には顔を見るなり「あ、夜食やろ?」と、すっかり覚えられてしまった。

そんな貴重なカップラーメンであるが、組長が管理する以外に圧倒的な在庫を押さえているところがあった。

第二の士官室と呼ばれるCPO(先任海曹室)である。たまの艦内休養日課の日など、こちらを訪れると、『UFO』の麺をサラダ風にアレンジしたサラダ麺やとっておきのコーヒーなどをご馳走していただけるので、ほかのWAVE実習幹部と連れ立って、よくお邪魔したものだ。

CPOは艦艇勤務におけるエキスパートが集まる部屋であるとともに、美味しいものも集まる部屋なのである。

第５章　スエズ運河を抜けエジプトへ

りほ図書館

インド洋で同期の実習幹部が行方不明となってから、〈かしま〉艦内の雰囲気はかなり変わった。

特に乗組員のメンタルヘルスが重視されるようになり、同乗している医務長や外科長、歯科長といったメディカルの方々による個別「カウンセリング」が行なわれたり、ほんの少しだが休養日課が増えたりした。

それまでの「訓練一色」体制から、「ゆとり」体制へと移行したわけだが、これが良かったのかどうかに関しては意見が分かれるところだった。

「ゆとり」ができたおかげで時間をかけて実習準備ができてよい、という反面、この時間を休息タイムに充ててサボる者も出てくる。

「同期が一人いなくなったのに実習どころじゃない」という意見もあれば、「だからこそ余計に残った者たちで頑張らなければ」という意見もある。

艦という閉鎖空間の中で、長期間心を一つに団結し、モチベーションを保ち続けるというのは、なかなかに難しいものだ。

誰もが「同期が一人いなくなった」という心の動揺と、どのように向き合うべきか模索する中、意外にも役に立った（？）のは、私が日本から搭載してきた文庫本たちだった。

できるだけ余計なものを減らし、生活必需品を充実させて搭載しようという流れに逆行していた私は、できるだけ生活必需品を切り詰めて、余計なものを搭載していた。

というより、文学部出身の私にとって、艦の実習とはまったく関係ない推理小説や恋愛小説こそ必需品だったと表現したほうがかっこいいだろうか。

このゆとり日課によって、活字を渇望するようになった実習幹部たちに、私は「りほ図書館」と称して、搭載してきた各種の「関係ない」図書を貸し出すことにした。

細々とではあるが、需要はあった。

同部屋のＩ黒三尉は吉野源三郎の『君たちはどう生きるか』、同じく同部屋のＳ賀三尉はシャーロット・マクラウドの『蹄鉄ころんだ』を選び、別の部屋のT山三尉からはトルーマン・カポーティの『ティファニーで朝食を』をリクエストされて貸し出した。

同部屋のWAVE二人は分かるにしても、どちらかというと「訓練一色」タイプのT山三尉が『ティファニーで朝食を』を読みたがるとは驚いた。

失礼だが、T山三尉には理解できない小説世界だろうと思っていたところ、集中して読破したらしく「いやあ、よかった」と興奮した面持ちで本を返された。

「こういう女性（主人公のホリー・ゴライトリー）がいたら、抱きしめてあげたいと思う」

と、意外すぎて驚愕に値する感想をいただき、つくづく人は見かけによらないものだなあと実感した次第だった。

スエズ運河

さて、アデン湾から紅海に入り、〈かしま〉はいよいよスエズ運河を通峡してエジプトのアレキサンドリアに入港しようとしていた。

ご存知のとおり、スエズ運河は紅海と地中海をつなぐ重要な運河である。

スエズ運河のおかげでアフリカ大陸を回らずにヨーロッパとアジアが海運でつながれ

る恩恵は計り知れない。

通峡記念に後部甲板で写真を撮る者も多かったが……。

通峡のためのパイロット（水先案内人）が乗艦するついで（どさくさ）にまぎれ、後部甲板から怪しげな土産物屋たちが次々と乗り込んできた。

それまでどこで待機していたのか知らないが、怪しげな小舟で〈かしま〉の後部に寄って来て、あれよあれよという間に、乗り移ってくるのである。

土産物屋たちは勝手に後部甲板に敷物を敷いて商品を並べ、商売を始めた。

その手並みたるや、じつに手慣れたもので、たちまち後部甲板はニセモノっぽいパピルスやその他のエジプト土産で賑やかになった。

おそらく〈かしま〉だけではなく、スエズ運河を通るさまざまな国の艦船で、こうした商売を展開してきたのだろう。

一応、この商売は「後部甲板限定」ということで、練習艦隊司令部側も許可したらしい。

実習幹部や〈かしま〉の乗組員たちも「買い物」のため、手空きの者からパラパラと後部甲板を訪れた。

私も「どんなものか」と思い、見物がてら見に行ったところ、エジプト商人たちのガッツあるセールスに負け、パピルスのニセモノ（彼らは本物であると主張）を何枚か買わされてしまった。

しかも、あろうことか、その商人は私が作業服のポケットに差していたボールペンに目を付け、「コレ、ホシイ」というのだ。

〝ニセモノパピルスと交換〟ではなく、パピルスの代金に加えてボールペンを無償で譲ってほしいという趣旨らしい。

たかがボールペン、されどボールペンである。

このとき、私が胸ポケットに差していたボールペンは、出国前の伊勢神宮参拝の際、参道にある土産物屋で買ったもので、お守り代わりのボールペンでもあった。伊勢神宮にちなんだ伊勢エビがゆるキャラ風にデザインされた、今にして思えばなかなかレアなボールペンである。

エジプト商人が珍しがって欲しがるのも無理はなかったのかもしれない。しかし、ニセモノパピルスを買わされたうえに、お守りの伊勢神宮ボールペンまで寄付するなんて、さすがの私もそこまでお人よしではない。

「ノー、ノー」

英語できっぱりとお断りしたが、相手もなかなかにしつこい。

ヌッと手を伸ばして勝手に抜き取ろうとするのだ。

「絶対ダメ！」

とうとう日本語で断って、後部出入り口から艦内へ逃げ込んだ。

後部出入り口には念のため警戒員が配置されており、さすがのエジプト商人も艦内までは追いかけてこなかった。

私のほかにも何名か、ニセモノパピルスを買わされたらしいが、ボールペンを奪われそうになったのは、私くらいのものだったようだ。

エジプト海軍の礼砲発射に寄せる歌一首

スエズ運河を通峡し、いよいよアレキサンドリアが近づいてきたころ、これまでのように登舷礼式が行なわれるはこびとなった。

しかし、今回の登舷礼式はただの登舷礼式ではない。

エジプト海軍と互いに礼砲を打ち合う、礼砲交換が含まれていた。

この遠洋練習航海実習中で、礼砲交換は今回が初めてだった。

〈かしま〉は文字通り世界を巡る練習艦であり、世界各国との外交を兼ねることもあるため、艦橋前部に礼式用の礼砲を二門搭載している。

礼砲の轟きが相手に対する敬意を表わすので、破壊力はないが、礼砲の音はハンパなく大きい。

前部のほうで登舷礼式に立つ者は、ティッシュ等で耳栓をするようにとの指示がなされた。

私たちＷＡＶＥ実習幹部は後部に立つので耳栓は不要かもしれなかったが、なにしろ、初めての礼砲なので、用心するに越したことはない。

念のため、耳栓をして後部甲板に上がった。

ボンベイ入港時ほどの異臭はしなかったが、海上だというのに、おしなべて空気がほこりっぽい。

残念ながら、今回もまた衛生面で不安の残る寄港地のようだ。

どんな危険が待ち構えているかと思うとゾッとするが、なにはともあれ、まずは礼砲交換である。

「エジプト・アラブ共和国国旗に対し、二一発を発射する！」

艦内マイクが流れた後、〈かしま〉の礼砲がけたたましく鳴り響いた。

バーン！　バーン！　バーン！

きっちり五秒間隔で二一発。

後部で気を付けをしていたため、直接見たわけではないが、音を聞いているだけでも威容を感じざるをえないみごとな礼砲発射だった。

しばらくして、エジプト海軍側から答礼の礼砲が発射された。

エジプト海軍と21発の礼砲交換を行なう〈かしま〉。実習幹部らが登舷礼式に立つ中、艦橋前に装備された礼砲が発射され、砲煙を噴き上げている(もちろん空包)〔撮影・菊池雅之〕

ドカーン! ドカーン!

最初の二発ほどは連発のように聞こえた。

ああ、こちらの海軍は発射間隔の短い礼砲スタイルなのかと思っていると……。

続くはずの三発目がなかなか響いてこない。

遠すぎて聞こえないのかな?

あれこれ考えていると、かなり間の抜けた時分にドカーンと一発。

また謎の空白があり、続いて今度はドカーン、ドカーンと連発。

お、今度は調子がいいぞと思うそばから、また空白。

こんな調子で答礼が終わるまではかなりの時間を要した。

あまりにバラバラな発射間隔のため、

何発打ったのか数えていられなかったが、おそらく二一発すべてを打っていなかったのではないだろうか。

後で聞いた話によると、不発弾もあったらしい。

海上自衛隊の艦艇ではまったく考えられない事態だが、これもお国柄なのだろうか。

この日、自身で勝手に詠んだ短歌を今でも覚えているので、ここに紹介させていただく。

スフィンクスの謎かけなのか　礼砲の　発射間隔てんでバラバラ

ギザの三大ピラミッドとバクシーシ

さて、アレキサンドリアに入港して、誰もが真っ先に行なったのは洗濯である。

インドではあまりに水が汚すぎて、ろくに洗濯できなかったので、誰もが洗濯物をため込んでいたのだ。

私もさっそく洗濯に励もうとしたところ、一歩遅かった！

部屋にある二台の洗濯機はすでにほかのＷＡＶＥが回しており、ひとまずはこの第一回目の洗濯が終わるまで待たねばならなかった。

しかし……。

ちょうどその時間になったころ、あちこちの部屋から「ウワァー」「ギャー」と叫びが漏れ始めた。

どうやら、勇んで洗濯した白制服が黄色く染まって仕上がったらしい。

図らずも洗濯に出遅れたおかげで、私はこの難を逃れたわけだが、エジプトの水もアウトとなると、制服の洗濯は次のトルコまで待たねばならない。

しかも、トルコの水だって絶対に大丈夫とはいえない未知数なのだ。

うーん、厳しいなあ。

とりあえず、第二陣の洗濯機で制服以外のものを洗ってしのぎ、あとは様子を見ることにした。

エジプトでの洗濯に絶望したときに詠んだ歌も覚えているので、ここに紹介させていただく。

　服の色は移りにけりな　いたずらに　あやしき水で洗濯せしまに

小野小町の歌の本歌取り（？）のつもりである。ご愛敬……。

さて、気を取り直して……。

アレキサンドリア入港翌日は早朝六時に艦を出発して、バスに揺られてカイロ方面に研修である。

この研修にはあの有名なギザの三大ピラミッドの見学が含まれており、正直、私は生まれて初めて見る生ピラミッドにかなりの期待を抱いていた。

広大な砂漠にそそり立つ、古代エジプト王たちの墓。

謎めいた世界遺産を実際にこの目で見ることができるのだ。

朝早くからバスに揺られてようやくたどり着いた世界遺産の姿は……。

ん？　あれ？　なんかちょっとイメージと違うぞ。

いや、ピラミッドやスフィンクスのある一角は、まったくイメージどおりというか、ガイドブックに載っている写真そのものなのだが、その「一角」を取り巻く環境が……。

まったくもって近代的すぎるのだ。

ガイドブックなどからイメージする広大な砂漠は、あくまでも近代都市の中に造られた公園のようで、少なくともまったく「広大」ではない。

うまく喩えられないが、都会にあるゴルフ場のような感じ。「砂漠コーナー」みたいなところ

エジプトの遺跡を見学する実習幹部たち。右側のWAVEが著者〔著者提供〕

に、ピラミッドが点在しているのだ。

ピラミッドを背にして反対側を見ると、そこはもう普通の都市。

正真正銘、本物のピラミッドに対面しているのに、なぜか騙された感がぬぐえない、不思議な気持ちだった。

しかも、ここにも商魂たくましいエジプト商人たちがいて、彼らは商売道具のラクダを引いてやってきては、「乗って写真を撮らないか?」とセールスをかけてくる。

これがなかなかの悪徳商法で、ただラクダの背に乗って写真を撮るだけなのに、後から高額な値段をふっかけてくるのだ。

この悪徳商法は、またの名を「バクシーシ」という。

バクシーシとは喜捨のことで、富めるものは貧しいものに金品を施すことで徳を積めるというイスラム教の考え方らしい。

金品を施される側も「徳を積ませてやってるんだ」という意識があるらしく、料金とはべつに高額を要求してくる。

私はバスの中でガイドから「バクシーシ」の話を聞いていたので、ラクダには乗らなかった。

想像していたイメージとは若干の違いがあったものの、せっかく本物のピラミッドと対面できたのだから、思い切り堪能しようと「砂漠コーナー」の中を歩き回った。

三大ピラミッドとはクフ王、カフラ王、メンカウラー王のピラミッドで、クフ王のピラミッドが一番大きかった。

ガイドブックによれば、高さは約一四七メートル、底辺は約二三〇メートル。四〇階建てのビルの高さに相当するらしい。

いったい何のために、これだけの高さまで石を積み上げたのか、そもそもピラミッドとは本当に墓なのか？

巨大な石の建造物に圧倒されながら、頭の中でさまざまな疑問が駆け巡ったのだった。

ツタンカーメン王のマスク

ピラミッドを堪能した後は、カイロ博物館でツタンカーメン王の黄金のマスクを堪能した。

歴史の教科書などに必ずといっていいほど載っている、あまりに有名な、あのマスクである。

ツタンカーメン王は若くして亡くなった少年王だったらしい。

そういわれてみれば、マスクの顔も瞳が大きく、どこか純真で若々しく見えた。

暗殺されたなどという噂もあるが、できれば自然死であってほしい。

そんな思いを抱きながら、マスクの横で記念写真を撮った。

日本では考えられないと思うのだが、黄金のマスクはガラスケースに収められ、さほど厳重な警備もなされていない（そのように見えた！）状態で陳列されていた。

しかし、なにはともあれ、世界的に有名なマスクである。押すな押すなの行列で、写真を撮るにも一苦労……かと思いきや、意外にもすんなりとカメラに収められたのには驚いた。

惜しむらくは、ガラスケースに光が反射して、中のマスクの写り具合がイマイチだったところくらいだろうか。

せっかくなので、地下階（だったと思う）に展示されていた本物のミイラも見に行った。

低温で保存されているためだろうか。

展示場所はヒンヤリと寒く、また、照明も落としてあった。

そこのところはよく覚えているのだが、不思議なことに肝心のミイラの記憶がスッポリと抜けているのだ。

時間を巻き戻せるなら、あの頃の自分自身に言ってやりたい。「後に遠洋航海記を書くのだから、よく覚えておきなさいよ！」と。

しかし、どうしても本物のミイラの姿が思い出せない。

覚えているのは、「寒かった」「暗かった」だけ……。

もしかして、これはファラオの呪いなのだろうか？

ダーダネルス海峡を抜けて

カイロ研修の翌日は自由日課だったので、アレキサンドリア市街に外出し、自由時間を満喫した。

市街の記憶では「埃っぽい」というのが一番強く残っている。

しかし、治安および雰囲気はインドよりはマシだった気がする。

少なくとも、物乞いにつきまとわれて容易にまっすぐ歩けない、といった事象はなかった。

露店で売っている食べ物を気安く買って食べてはいけないと艦で教育されていたので、買い食いもせず、買い物もせず、ただエジプトの雰囲気だけを味わって帰艦した。

自由な一日を過ごした翌日は、いよいよアレキサンドリア出港である。

次の寄港地はトルコのイスタンブール。

ヨーロッパとアジアの文化が交差する国だ。

このトルコ寄港を境に、私たちの遠洋練習航海実習も、いよいよ後半に入っていく。

前半では本当にいろいろな出来事があったが、「まだまだこれから」という思いがあった。

晴海出港時にすでに感じた「早く帰りたい」という思いさえも、じつは裏を返せば「まだ先は長い」という心の余裕だった。

しかし、折り返し地点を目前にすると、「もう半分まで来てしまったのに、自分はまだ何も吸収できていない」という焦りの気持ちが生まれていた。

さまざまな思いを胸に砂漠の国を後にし、イスタンブールへ。

〈かしま〉はエーゲ海を上り、ダーダネルス海峡を通峡したのだった。

天測訓練、運動盤は飛んで行く

実習の後半に入る前に、ここで前半の復習の意味も込めながら、晴海出港以来続いた基本的な〈かしま〉艦内生活について述べてみたい。

まず、実習幹部の朝は未明の天測訓練からスタートする。

明け方の空に浮かんでいる天体の高度を六分儀で測定し、自艦の位置を知る天文航法の一環である。

この天測訓練は必ず二人一組で行なわれ、私のバディは同じ一二班のK城三尉だった。

当時はどちらか早く起きたほうがバディを起こしに行くという暗黙の約束があり、たいていはK城三尉のほうが早起きだった。

〈かしま〉の実習幹部の部屋は二段ベッドが四つの八人部屋構成。

各部屋の呼び出しはすべてインターホンである。

早朝未明に部屋のインターホンがプーッと鳴り「おーい、時武。天測行くぞー」とK城三尉が呼びにくる。

ただ、唯一の例外は飲酒許可日の翌日である（当時の〈かしま〉には艦内飲酒許可日というものがあったが、現在の海上自衛隊ではどの艦でも艦内飲酒は厳禁）。

私はあまりお酒が飲めないのだが、K城三尉はお酒が好きなので飲酒許可日は大いに楽しんでしまうのだろう。

その反動として、翌朝の天測訓練はなかなか起きられないようだった。

だから、飲酒許可日の翌日にかぎり、例外的に私がK城三尉の部屋に呼びにいくのである。

「すまん、すまん」

と慌てて起きてくるK城三尉とともに実習員講堂へ行き、天測係があらかじめ索星した天体の位置を運動盤に写し取る。

六分儀を持っていざ旗甲板へ。

ここから肝心の高度測定が始まるわけだが、あるとき、洋上に吹く風があまりに強く、私は旗甲板に出た瞬間に手にしていた運動盤を飛ばしてしまった。

「アッ」と思った瞬間にはもう、なかった。

せっかく写し取ってきた天体の位置が、あっけなく未明の海の彼方に消えてしまった。

そんなことが起きたとも知らず、ひたすら高度を測っていたK城三尉は、測り終えた後「おい、運動盤は？」とふり向いた。

「ごめん。運動盤は……、ない」

私は正直に答えるしかなかった。

「どうして？」

「たった今、飛んで行きました」

まるで当直士官への報告要領のような報告に、K城三尉は驚き呆れ、言葉も出ない様子だった。

ふつうなら、ここで「なにやってんだ！」とブチ切れてもおかしくないのだが、K城三尉は早々に気を取り直してくれたようで、「しょうがねえ。誰かに見せてもらおう」と、近くにいた実習幹部に頼み込んだ。

「すまん、すまん、ちょっと運動盤を見せてくれや」

「すいません。見せて下さい」

私も合わせて腰低く頼み込み、こうしてこの日は、他人の運動盤を借りて天測計算をしたのだった。

後日、K城三尉はこの一件をふり返り、「まさかよう、あそこで運動盤を飛ばすとはよう」と驚嘆のため息を漏らした。

ご本人によれば、あまりに呆れて怒る気にもならなかったそうだ。

ブチ切れずにほかの実習幹部に頭を下げ、運動盤を借りてくれたK城三尉には今も感謝している。

喫食調査

早朝の天測訓練の後は、天測計算が終わった者から食堂で朝食を摂る。

メニューはだいたい白飯、汁物、卵、魚、付け合わせ、という組み合わせだが、それぞれバリエーションが効いており、同じものが続いたことなど一度もなかったように思う。

卵はゆで卵だったり、炒り卵だったり、王道の生卵（卵かけご飯となる）だったり。

汁物は味噌汁だったり、かきたま汁や豚汁だったり……。

納豆や海苔が付いたり、漬物が出たり……と、もう無限の組み合わせである。

朝早くから用意してくださった〈かしま〉第四分隊給養員の方々には本当に感謝の言葉しかない。

……にもかかわらず、実習の最初のほうでは船酔いのため、ものが食べられない実習幹部が続出し、せっかく用意された朝食を摂りに食堂へ降りてこられない、という事象が発生した。

それ自体は致し方ないにしても、そうした事情が給養員の方々にうまく伝わらなかったため、「食べるのか食べないのか分からないから、喫食係がなかなか持ち場を引けない」という苦情が寄せられてしまった。

食堂で食事を提供して下さっている喫食係の方々は、実習幹部たちの喫食札によって、総員がちゃんと食事を摂り終えたかどうかを確認してから持ち場を引く。

喫食札とは、実習幹部一人一人の氏名が書かれた札であり、食事を摂り終えた者はこの札を裏に返す。

つまり、食堂に降りてこられない実習幹部の喫食札はいつまでも表のまま。

喫食係の方々からすれば、表の札があるかぎり、持ち場を引くに引けなくてイライラするという悪循環。

この問題を解決しようと立ち上がったのが、ＷＡＶＥ実習幹部で私と同部屋のＫ島三尉だった。

夜のうちに翌朝の分の喫食調査を行ない、朝食を摂るのか摂らないのかはっきりさせて、結果を給養員の方々に提出しよう！　というわけである。

喫食調査に○を付けた者は必ず朝食を摂り行き、どうしてもそれができない場合は、誰かに頼んで自身の分の喫食札を裏に返してきてもらう。

この取り決めができたおかげで、苦情も治まり、円満な朝食体制ができあがった。

喫食調査というものを考案し、それを実行に移したＫ島三尉の決断力と実行力にはつくづく感心した次第だった。

ワッチのバディ

応急操舵や防火防水などの部署訓練や対潜戦、対空戦といった戦闘訓練がない時間帯でも、艦が動いているかぎり、ワッチ（航海直）は回ってくる。

ワッチは通常二人一組でつく仕組みとなっており、私のバディは同じ一組一二班のＨ田三尉かＷＡＶＥのＩ黒三尉のどちらかだった。

断っておくと、このバディは天測訓練のバディと同様、あらかじめ司令部側から定められたバディである。

子どもが親を選べないように、実習幹部も自身のバディを自ら選ぶことはできない。

〈かしま〉の艦橋に立つ女性実習幹部〔撮影・菊池雅之〕

しかし、これは私にとって非常にありがたかった。

バディを自由に選べる仕組みであれば、私とバディを組もうと考える実習幹部など、一人もいなかったにちがいない。

縁あって私のバディを務めるはめになったH田三尉とI黒三尉にはいつも多大なご迷惑をおかけした次第だが……。

私にとっては優秀なバディに恵まれて、かなりの幸運だった。

I黒三尉とは同部屋で、ベッドも隣同士だったため、夜間のワッチなどは互いに起きた気配を確かめながら、支度して艦橋に向かった。

しかし、H田三尉は部屋が違うので、どちらか先に起きたほうが起こしに行く。

ほぼ例外なく、起こしに来ていただいた。

定刻より前にインターホンがプーッと鳴って、「時武いる？　ワッチ！」と、じつに簡潔明瞭なモーニングコール。

その後、艦橋に向かうと、かなりの高確率で熱血指導官のG賀二尉のワッチと重なるのである。

I黒三尉の優秀ぶりはこれまで随所で書かせていただいたが、パイロット志望のH田三尉もじつに判断力と察知力の高いバディだった。

いつも不意打ちのように降ってくるG賀二尉の試問を「そろそろ、これを聞かれるから調べといたほうがいい」と察知して、ヒラリとかわすのである。

しかし、さすがのH田三尉でもかわし切れない時があり、そうした時は二人そろって撃沈である。

「あー、どうしてこうなっちゃうかなあ」

目をクリクリさせながらボヤくH田三尉。

H田三尉一人だったら、かわせたかもしれないのに、いつも一緒に撃沈していただき、ありがたいやら申し訳ないやらであった。

イスタンブール入港

さて、次の寄港地であるトルコのイスタンブールを目指した〈かしま〉は、一旦、ツヅラ港外に仮泊した。

艦内の実習員講堂で寄港地講話が実施され、講師として写真家の柴田三雄氏が乗艦された。

当時、海上自衛隊のカレンダーの写真といえばこの柴田氏。航空写真の第一人者として有名な方だった。

とてもエネルギッシュな印象の方で、「今、もっとも熱いのは野茂です！」と、いきなりアメリカ大リーグに移籍して活躍していた野茂英雄投手の大絶賛から講話が始まったのを覚えている。

〈かしま〉の写真も、たくさん撮って帰られたのではないだろうか。

そして、翌日の七月一一日にはツヅラ港外の仮泊地から出港して、イスタンブールの錨地へ。

そう。イスタンブールでは錨泊だったのである。

幸い水もきれいで、変な臭いもしない。

ああ、これでようやく、安心して洗濯ができそうだぞ！

明るい気持ちを後押しするように空も晴れわたり、よい気分になったのを覚えている。

錨地からイスタンブールまでは定期的にフェリーが運航されており、フェリーの外装もまた洒落ていた。

オスマントルコの王宮、ドルマバフチェ宮殿をイメージしたのか、客席の屋根は白のバロック調。

さながら水上を移動する小さな王宮のような風情だった。

ひたすら埃っぽく、異臭漂う国々からヨーロッパの香りのする国へ。

しかも、トルコは親日で有名なこともあり、インド、エジプトに比べて少しは安心できそうな予感がしたのだった。

第6章　トルコ、黒海、イタリア訪問

トルコ海軍の不思議な定規

イスタンブールは錨泊で、滞在期間も短かった。

しかし、トルコ海軍士官学校研修やブルーモスク、アヤソフィア大聖堂、トプカプ宮殿など、研修は見所ばかりで、正直なところ、この遠洋練習航海実習の中で一番、私の印象に残っている。

トルコが親日であることは有名であり、トルコ海軍士官学校ではもちろん歓待を受けた。

いろいろな航海用具を展示してある展示スペースに「どうぞ見てくれ！」とばかりに

案内されたのだが……。
今でも覚えているのは、いったいどのようにして使用するのか分からない定規である。
長さとしては五〇センチほどだろうか。
透明なプラスチック製で幅広な造りの直線定規が二本。
この二本が金具のようなもので繋がっているのである。
金具を介することによって二本が平行に動く仕組みになっているようなのだが……。
果たして、なにに使うのか？
一本で長さが足りないときに、金具を動かして、もう一本を付け足すのだろうか。
何のために？
聞いてみたかったが、語学力が足りずに断念。
しかし、同じ疑問を抱いたのは私だけではなかった。
「面白い定規だな。あんなの見たことないぞ」
「まさか井上式三角定規（航海用の定番、二枚組）の代わりにあれを使うのか？」
実習幹部同士でさんざんに物議をかもしたトルコ海軍の不思議な定規であった。

細密に宿る神聖　ブルーモスク

曼荼羅などの細密画・細密模様が大好きな私にとって、トルコの「ブルーモスク」は、じつはかなり楽しみにしていた研修地だった。

なにせ世界で最も美しいモスクとして世界遺産にも登録されているくらいである。「ブルーモスク」は通称で、正式には「スルタンアフメット・ジャーミィ」という寺院らしい。

オスマン帝国時代の一六一六年に建造されたもので、外観はさほど華美ではなく、むしろ重々しく落ち着いた雰囲気であったが……。

中に入った瞬間、クラクラと目眩《めまい》がするような細密な装飾に、とにもかくにも圧倒された。

大ドームの天井には青を基調としたイズミックタイルがびっしりと埋め込まれており、下から見上げると、もう、吸い込まれてしまいそうなのだ。

まさに気の遠くなるような細かさ。

まるで小宇宙を見上げているような気分だった。

こんな素晴らしいモスクが入場料無料だなんて！

もしも私が現地に住んでいたら、毎日のように見上げに行くだろう。イスラム教徒でもないのに……。

素晴らしいのは青いタイルだけではない。たくさんの窓に施されているステンドグラスもみごとだった。いやでも敬虔な気分にならざるを得ない。

この神聖な空間をできればぜんぶ持ち帰りたい。そんなバカなことを考えながら、私は時間の許すかぎりドームの天井を見上げたり、ステンドグラスから差し込む光に目を細めたりして、時を過ごしたのだった。

一生に一度の大きな買い物

買い物という行為は一時的には楽しいものであるし、ストレス解消にもなる。その効用は決して否定できないものなのだが、あまりにその行為が行き過ぎると逆に大きなストレスとなって自身に戻ってくる。

つまり、買った品物の収容問題である。

現在の断捨離ブーム、片付けブームなどからして、この問題がいかに深刻なものとなっているかがうかがえる。

イスタンブールに上陸した実習幹部。左から2人目が著者。バックはボスポラス海峡に面して建つドルマバフチェ・モスク〔著者提供〕

トルコ海軍士官学校研修で同校生徒と実習幹部の記念写真。前列左端が著者〔著者提供〕

私もけっして片づけが得意なほうではないので、買い物の際にはいつも細心の注意を払っている。

「これを手に入れたら私は幸せになるだろうか」

「これは私を確実に幸せに導いてくれる物なのだろうか」

買う前に胸の中で何度も何度も自身の声と討論を重ね、その厳しい討論を経て、自身の声をみごとに論破した物だけを手に入れる。

このゆるぎない基本方針は、実習幹部時代から脈々と現在まで続いている（はずなのだが……）。

とにかく当時の私は、けっして余計な物は買わないという固い決意のもとに晴海ふ頭から出港したのである。

幸い、艦内居住区の中で私物の収容スペースはかなり限られていることから、これまでのシンガポール、インド、エジプトでも家族や友人、知人に向けてのお土産のほかは余計な物は極力買わない姿勢を保っていた。

しかし、今回は手強い敵が待っていた。

ズバリ、トルコ絨毯である。

おそらく研修を組む都合上、司令部側も現地の業者の要請を受け入れざるを得なかったのだろう。

トルコ絨毯の専門店による展示会が研修の中に組み込まれていたのだ。

ペルシャ絨毯は有名で知っていたが、正直、トルコ絨毯がそこまで有名だとは思っていなかった。

そもそも絨毯なんて興味もないし、「私は絶対買わないぞ」と思っていた。

しかし……。

専門店に一歩足を踏み入れたとたん、「これはヤバい」と思った。

私の好きな細密模様で、しかも、ブルーモスクを見上げてきた後である。

このテの装飾模様にすっかり感化されていた。

絨毯職人たちは手慣れた様子で、筒状に丸められたトルコ絨毯を次々と担いで来ては、私たちの前に広げていく。

色とりどりのトルコ絨毯が床に広げられるたび、「おおー」と歓声が上がる。

極めつけは、サービスで出されたトルココーヒーだった。

トロリと濃厚なトルココーヒーが凝った装飾の施されたデミタスサイズのコーヒーカップで運ばれてくる。

ほんの一口、二口程度で飲み終わってしまう量なのだが、とにかく濃厚で、飲み終わった後にはコーヒーの粉がびっしりとカップの底に沈澱している。

この沈澱がまたいい！

絶対に買わないと心に決めていたのに、すっかりいい気分になり、私はこれまでの人生の中で一番高い買い物に挑もうとしていた。

それは綿とシルクを混合して編まれた一二〇センチ×九〇センチほどの絨毯で、どちらかというとタペストリーといった印象のものだった。

編まれている模様は「生命の木」という、世界の諸神話でよく見られる、生命を象徴する木のモチーフである。

そういえば、私はエジプトのパピルス専門店でも生命の木の描かれたパピルス〈かしま〉の後部甲板で売られたニセものパピルスではない）に出会っていた。

中央に豊かに葉を茂らせた木が一本あり、そこに五羽の鳥が止まっている。

じつは、この五羽の鳥は人の一生の各段階を象徴するものになっていて、右下から上に向かって幼少期、少年期、青年期となり、ピークとなる壮年期の鳥は左上で羽を広げ、晩年期を表す鳥だけが、左向きに描かれている。

色調は淡いピンク地に濃紺とベージュを基調としたカラフルな刺繍。

右向きの鳥たちはそれぞれの生を生きているわけだが、左向きの鳥だけが死を見つめているというわけだ。

エジプトでガッチリと心を摑まれた深いモチーフに、トルコでふたたび出会ってしまった。

絨毯といっても、それほど大きなサイズではないし、いざとなれば〈かしま〉のベッドの下に敷いておいてもいいし……。

ええい、買っちゃえぇぇぇ！

このときの絨毯のお値段、日本円に換算して約一五万円也。

こうして私は、トルコの絨毯屋でそれまでの人生最大の散財をしたわけである。

いったい何をしにトルコまでやってきたのやら……。

あれから四半世紀を経た現在、くだんのトルコ絨毯はどっしりとした風合いを深め、我が家のリビングに鎮座して活躍している。

おねがい、急いで！

トルコにはトルコならではの思い出がある。

日本国練習艦隊の実習記録という趣旨から多少（かなり?）脱線するが、しばしお許しを。

イスタンブール錨泊中に、港付近でベリーダンスのショーが開催されるという情報を入手した私たち一組の実習幹部は、せっかくだからこのショーをみんなで観賞しようという流れになった。

たしか、誰かがまとめて一組分のチケットを購入してくれたのだと思う。

今でこそ、日本でもベリーダンスは有名だが、当時の私はベリーダンスがどんなダンスなのかまったく知らなかった。

要するに「腹おどり」であり、具体的にはお腹を出して、お尻を円運動のように振る踊りである。

ポッコリお腹を引っ込める効果もあり、今では日本でも女性に人気のダンスらしい。

ショーの開演時間は夕方だったので、それまでは自由にイスタンブールの街を散策することにした。

一緒に出かけたのは、おなじみＷＡＶＥ実習幹部のＩ黒三尉。

街歩きを楽しんだ後、そろそろショーの開演時間が迫ってきたので、タクシーで港に帰ろうというはこびとなった。

トルコのタクシーはまだ信用度が高い。

インドのように乗ったら最後、どこに連れて行かれるか分からないといった事象はなく、運転手に港の名前を告げると快く「ＯＫ！」と返ってきた。

安心して乗り込んだはいいが、これがまた予想に反して超ノロノロ安全運転なのである。

「Please hurry up!」

後部座席でヤキモキしながらお願いしたのだが、運転手は今ひとつピンと来ていない様子。

もしかして英語が通じない？

まさかの展開である。

こうなったらジェスチャーで伝えるしかない。

両手を振って「急いで走る」ポーズをしてみたり、額の汗をぬぐう振りをしてみたり……。

私たちの涙ぐましい努力にもかかわらず、トルコ人運転手の顔には「？」しか浮かんでいない。

そうこうしているうちにベリーダンスの開演時間は刻々と迫ってくる。

せっかく本場のショーが見られるチャンスで、チケットも買ってもらっているのに、タクシーのせいで遅れるのはくやしい。

言語の壁を超える表現力の限界を感じてきたころ、I黒三尉が急にひらめいたように、ある言葉を口にした。

そのとたん、トルコ人運転手は急に「ＯＫ！」とガッツポーズをして、グッとアクセルを踏み込んだ。

「すごい、通じた！　今、なんて言ったの？」

さて、このときI黒三尉が口にした言葉とは？

「ヴィッテ・ヘイス。ドイツ語で『おねがい急いで』って言ってみた」

なるほど！

さすがアジアとヨーロッパをつなぐ国。

トルコでは英語は通じなくても、ドイツ語は通じるのである。

これは新たな発見だった。

「よくドイツ語なんて喋れたね！」

「大学の第二外国語でドイツ語を選択してたから」

ちなみに私が選択していたのは中国語だが、とっさに中国語で「急いでください」とはなかなか言えたものではない。

I黒三尉のとっさの機転と語学力のおかげで、私たちは無事開演時間に間に合い、本場のベリーダンスを堪能できた。

I黒三尉には今も感謝している。

初・ボスポラス海峡通峡

平成七年度の遠洋練習航海に参加した練習艦隊の同期会には、後に〝ボスポラス会〟

ボスポラス海峡を北上、黒海を目指す〈かしま〉。前方にボスポラス大橋が見える。練習艦隊は海上自衛隊で初めて黒海に出た部隊となった〔撮影・菊池雅之〕

という通称が付けられた。

今でも当時の練習艦隊のメンバーで集まるときは、〝ボスポラス会〟の名で集合がかかる。

なぜそこまで〝ボスポラス〟にこだわるのか？

それは、海上自衛隊として初めてボスポラス海峡を通峡して黒海に出た部隊だからである。

七月一四日の午前七時にイスタンブールの錨地を発った私たちは、ボスポラス海峡を北上。

海峡に面して建てられた、トルコのドルマバフチェ宮殿の白くて壮麗な姿にため息をつきながら進み、やがて見えて来たボスポラス大橋に静かな歓声を上げた。

橋の右はアジア、左はヨーロッパである。

こんなすごい裂け目を持ち、両方をまたぐ橋があるなんて、イスタンブールの地とは、つくづく面白いところだ。

そして、いよいよ黒海突入！

手空きの者は皆、上甲板に出て、この記念すべき瞬間を堪能した。

そのまま黒海を抜けてロシアへ……といきたいところだが、そういうわけにもいかず、しばらく黒海を巡ったのち、ふたたびボスポラス海峡を抜けてマルマラ海へ。

その後、ダーダネルス海峡を経てエーゲ海へ。

こうして我が練習艦隊は、初のボスポラス海峡および黒海突入という実績を引っ提げて、次の寄港地であるナポリへ向かったのである。

初めての艫付《ともづ》け

ナポリは風光明媚な場所として有名で、「ナポリを見てから死ね」という言葉が残っているほどである。

これはどうやらゲーテの言葉らしく、つまりはゲーテ（一七四九～一八三二）の時代からナポリの景観はみごとなものだったようだ。

インドやエジプトでは、まず水の汚さに驚き、衛生面に大半の注意を払わなければばならなかったので、なかなか景観を楽しむどころではなかった。

ようやく衛生面でも安心でき、景観を楽しむ余裕のある国に入港できる段となり、入港前から期待はつのった。

しかも〈かしま〉はこのナポリで初めて「艫付《ともづ》け」による入港を経験するのだ。

「艫付け」とは、分かりやすくいえば「出船」の状態。

つまり、艦尾から後進で進入して入港する。

ちなみに、それまでの入港は錨泊をのぞき、すべて「入船」の状態で、艦首から前進で進入する入港だった。

入港時の操艦は基本「艦長操艦」なので、当時の〈かしま〉艦長のK藤一佐の腕の見せどころである。

しかし、私たち実習幹部は登舷礼式のため舷側に整列しており、このときの操艦がどんな要領で行なわれたのか、艦橋で見学することはできなかった。

その代わり、滅多にない「艫付け」時の係留索の取り方をよく見ておくように指導された。

たしか、岸壁に降りてすぐに、艦尾をこちらに向けた〈かしま〉の姿を写真に収めたように思う。

そのときは「なるほど、こういうふうに舫《もやい》を取って係留するのだな。珍しいやり方だ

ナポリに入港する〈かしま〉。艦上では登舷礼が行なわれている〔撮影・菊池雅之〕

な」と感心したのだが……。

写真を撮ったことで安心してしまって、じつはよく覚えていない。

肝心の写真もどこに紛れたものか（当時はまだフィルム写真だった！）。

ただ、ナポリの港を取り巻く風景はなるほどみごとなもので、「とうとう、噂のナポリを見たぞ」という思いだった。

さすがに「これでいつ死んでも悔いはない」とまでは思わなかったが……。

正直、美しいというより、オシャレと表現したほうがしっくりくる。

ただそれだけで絵になる港風景なのだ。繊細で複雑な海岸線。断崖を埋めるように立ち並ぶカラフルな家並み。

おそらくこの辺りではごく一般的な造りの家で、とくに豪邸というわけではないのだが、なにげない佇まいがじつに港の風景にマッチしている。

いかにもヨーロッパ、いかにもイタリアといった街並みである。

極めつけは、色彩をきれいに浮かび上がらせる陽光。

明度が高いとは、こういうことなのだろうなと思った。

こんな明るい日差しをいつも浴びているから、イタリア人は概して伸びやかで陽気な気質なのかもしれない。

どこから撮影してもオシャレな絵葉書になりそうな、ナポリの港風景だった。

ナポリの休日

寄港地研修では長時間バスに揺られて首都ローマに赴いた。

かねてよりオードリー・ヘプバーンの大ファンであり、映画『ローマの休日』がお気に入りであった私は、この研修をとても楽しみにしていた。

トレビの泉では後ろ向きでコインを投げ、サンタ・マリア・イン・コスメディン教会の外壁にある「真実の口」にも恐る恐る手を入れてみた。

ちなみに、トレビの泉に後ろ向きでコインを一枚投げ入れると、ふたたびローマを訪れる機会に恵まれるという。

当時は「次はクレホ（訓練幕僚補佐）で来るんじゃないの？」などと同期のWAVE同士で笑い合ったものだが、あれから四半世紀過ぎた今、ふたたびローマを訪れる機会は訪れていない。

しかし、人生はなにが起きるか分からないので、もしかしたらふたたびローマを訪れる機会が巡ってこないともかぎらない。

楽しみに待ちたいと思う。

それはさておき、ローマでは個人的にぜひやってみたいことがあった。

それはズバリ、散髪である。

じつは映画『ローマの休日』で、ヘプバーン扮するアン王女がローマで髪を短くカットするシーンがあるのだ。

このヘアカット後のスタイルがまた素敵で……。

ちょうど晴海を発って以来、髪も伸びてきたことだし、どうせなら映画の主人公よろしく、私もローマでオシャレにヘアカットしたいと思った次第である。

ところが残念ながら、ローマの研修はスケジュールがタイトすぎて、とてもヘアカットに行けるような時間がなかった。

そこで、ローマが駄目ならナポリで……。

ナポリに帰ってから散髪に行くことにした。

ナポリ停泊中のある日、外出許可となってから美容院を探しに街へ出かけた。

意外に美容院は少なく、ようやく見つけたころには午後四時を少し回ったくらいだった。

イタリア人は概して店じまいも早いのだろうか。

もう店を閉めかけているところへフラリと入ってきた「招かざる客」に、最初、美容師さんも少し迷惑そうな表情を浮かべた。

だが、こちらはどう見ても東洋人のうえ、白い夏制服。

「JAPAN NAVY」と名乗ったら急に「遠いところをよく来た」というような歓待のムードとなった。

いわゆる流行の最先端みたい美容院ではなく、初老にちかいご夫婦でひっそりと営まれているような美容院である。

ちょっと店選びを間違えた気もしなくもなかったが、これもなにかのご縁だと思い、お願いすることにした。

鋏を取ったのはご主人のほう。

英語はあまりできないようなので、身振り手振りで「あごの辺りでそろえて切ってくれ」と頼むと、どうにか通じた。

それで肝心の腕前のほどは……。

そこはさすがイタリア！　である。

安定の鋏さばきで、オシャレなボブカットにしていただいた。

最後はイタリア語で「航海安全を祈る。がんばれ」みたいな言葉をかけていただき、こちらも上機嫌で店を後にした。

ちょっとした冒険だったが、行ってよかった。

私にとって忘れられない「ナポリの休日」となった。

ポンペイ遺跡

イタリアでの研修はローマだけではなかった。

ヴェスヴィオ火山の噴火の火砕流で埋没したポンペイの町の遺跡も見た。

紀元七九年とは思えぬほど発達した文明の町だったらしいが、こんな町が一夜にしてなくなってしまうとは……。

灰に埋もれて亡くなった、当時のポンペイ市民の人々の姿も、ほぼそのまま残っていた。

本当に噴火の直前までごく普通の一般生活を送っていたのだなあと思うと生々しい。

日本も火山国であり、富士山という活火山があるだけに、他人事とは思えなかった。

そんなポンペイの遺跡ちかくのレストランで「サンタルチア」の歌を聴きながらイタリア料理を食べた。（おいしかった記憶はあるのだが、メニューは残念ながら失念）

火砕流で埋もれた町を見ながらのんきに食事をするのも申し訳ない気がしたが、どうやら食事中に歌手が歌を披露するというのが、この辺りのスタイルらしい。

本場で聴く「フニクリフニクラ」はさすがに迫力があった。

日本でおなじみの曲とは全然ちがうのである。

なにせ本物の火山がすぐそばにあるのだ。

それから最後の「サンタルチア」は、これでもかというくらい「サンタ――――ルチィア！」と引っ張ってくれて大喝采だった。

この歌がナポリの民謡だと、私はここで初めて知ったのだった。

イタリア人は天ぷらが好き

これまで各寄港地のレセプションで、がんばって英語で来賓をもてなしたり、もてなされたりしてきたわけだが、イタリア人ほど英語が通じない人たちは初めてだった。

いや、通じないというよりは、まったく英語を喋ろうとしないといったほうがいいだろうか。

ナポリに「艫付け」した〈かしま〉の後部甲板で艦上レセプションを行なった際の話だが……。

通常であれば中部甲板から舷梯を下ろすところ、「艫付け」のため、後部甲板から舷梯を下ろして、来賓たちを直接後部甲板に上げるはこびとなった。

舷梯の角度が急なので、安全のため、舷梯の下に警戒員がつくことになり、私たちWAVE実習幹部がこの任に当たった。

女性の来賓がスカートで乗艦する際、舷梯の下に男性の警戒員がいるのはよろしくないだろうという配慮からだった。

案の定、イタリア人の女性の来賓はスカートにハイヒールという出で立ちの方々が多く、舷梯の上がり方もじつに危なっかしいものだった。

衣装の華やかさもさることながら、そのおしゃべりのにぎやかなこと！　最初から最後まで仲間内でしゃべりっぱなしで、舷梯なんてろくに見ていないのである。

それでも一人も転んだり、落下したりしなかったのはさすがだった。

レセプション会場となった〈かしま〉の後部甲板には、これまでの寄港地でのレセプションと同様に、給養員の方々が腕によりをかけた料理を用意していた。

おにぎり、サンドイッチ、オードブル、フルーツ、デザート……。

ナポリに寄港中の〈かしま〉での艦上レセプションにて。イタリア海軍士官を挟んで、右が練習艦隊司令官・長谷川語海将補、左が著者〔著者提供〕

味もさることながら、じつに色とりどりで見た目もみごと。

こんな豪華なメニューが、結婚式の披露宴のように、だいたい六～八つくらいのテーブルに並ぶ。

基本は立食だが、疲れたら休めるような椅子もいくつか置かれていた。

外舷には転落防止の索が張られ、その上に紅白の幕が掛かっている。

さらに外舷沿いにはドリンクコーナー、屋台が並ぶ。

屋台では天ぷらを揚げており、イタリアではこの揚げたての天ぷらが大盛況だった。とくに女性に人気で、イタリア人のご婦人方はこぞって天ぷらコーナーに群がっていた。

おそらく、ほとんどの天ぷらをご婦人方

ナポリを出港する〈かしま〉。実習幹部が帽ふれで別れを告げる〔撮影・菊池雅之〕

が召し上がったのではないだろうか。

私たち実習幹部はホスト役に徹するため、自艦の艦上レセプションでの食事はゲストのお付き合い程度にとどめよという教育だった。

さらに、日本人同士で固まらず、必ずゲストに付いて英語で接待せよという教育だったので、がんばってイタリア人のご婦人方に英語で話しかけたのだが……。

返ってくるのはイタリア語のみ。頑として英語を使わず、イタリア人同士固まって天ぷらに夢中。

これまでのインドやエジプトでは衛生面や治安面で苦労したが、艦上レセプションのマナーで苦労したことはなかった。

たまたまそういう人たちに当たってしまったのかもしれないが、なかなかの衝撃を受けた体験だった。

ナポリでは清潔な水で洗濯もできたし、おまけに散髪までできた。

さすがグルメな国イタリアだけあって、街で食べたピザやパスタなどは絶品だった。

ただ、伸びやかなお国柄なのか、パスタの提供までに二時間ちかくもかかったりして、「ひょっとして、注文を受けてから麺を打ち始めるのか?」と疑いたくなる事態もあった。

インドやエジプトとはまた違った面で治安も悪く、掏摸《すり》の被害に遭った者も出た。

そんなこんなで必ずしも良い印象ばかりではないが、なにを買うにもまず値段の交渉からしなくてはならない国々を経験してきている身としては、物に定価がついている国はつくづくありがたいなあと思った次第だった。

第７章　フランスとドイツ

ルアーブルへ

さて、風光明媚なナポリを後にして、私たち練習艦隊が次に向かったのはフランスのルアーブル。

フランスの北西部に位置し、大西洋に臨む港町である。

セーヌ川右岸の河口にあたる、さほど大きくはない町で、こういういい方は失礼だが、どちらかというと田舎町といえるだろう。

しかし、一言で田舎町と片付けてしまうには、ルアーブルの町の抱える歴史はなかなか重いものがある。

第二次大戦中、ルアーブルはドイツ国防軍に占領されており、ここを奪還しようとした連合国軍との間で激しい戦いがくり広げられた。有名なノルマンディー上陸作戦から続くアストニア作戦である。町は艦砲射撃や空爆で破壊され、戦後になって建築家のオーギュスト・ペレによって再建された。

ノルマンディー上陸作戦はヨーロッパ西部戦線の転機となったことでもよく知られており、私たちがルアーブルに寄港するのは海軍士官としてとても意味のあることだったのである。

重い歴史を背負った町だけに粛々とした入港になるだろうと思っていたのだが……。岸壁での歓迎があまりににぎやかで驚いてしまった。思わず「今日はなにかのお祭りですか？」と問いたくなるような盛り上がり。大歓声と派手な音楽による歓迎は今までの寄港地の中で一番だった。

花の都パリ

当時、私のフランス人に対するイメージは「質素ながら洗練されたファッションに身を包み、エスプリの利いた知的会話を楽しむ、お高くとまった人たち」だった。

ところが、ルアーブル入港時の予期せぬ派手な歓迎ぶりに、私のフランス人に対するイメージは多少変わった。

フランス人って、じつは陽気で少々オメデタイ人たちなのかもしれない……。

今になってみると、おそらくどちらのイメージも正しいのではないかと思う。

なぜなら、日本における東京都民と大阪府民とでは多少（かなり？）パーソナリティが異なるように、同じフランスでもパリとルアーブルではやはり雰囲気が違うのである。

寄港地研修でパリに出ると、その違いを実感した。

イタリアのようなカラフルな派手さはないものの、街全体がなんとなく洗練されており、道行く人も無造作にオシャレなのである。

街自体がオシャレだから、普段着で歩いている人たちもオシャレに見えるのだろうか。

そして、オシャレゆえに、お高くとまったように見えてしまうのだろうか。

昼食のため、パリで入ったレストランもなかなかオシャレだった。

赤を基調にした内装で、薄暗い照明。

壁には独特なカバのイラストが掛かっているのだが、そのイラストのタッチにはどこか見覚えが……。

はて、どこで見た絵だろうと考えているうち、ハッと思い当たった。

そうそう、中学校か高校の美術の教科書に載っていた。

画家の名前はたしか、モディリアーニ！

独特の細長いフォルムに描かれたカバは、まさにモディリアーニのタッチなのだ。

もちろん本物のモディリアーニによるカバではなく、モディリアーニ風にアレンジされたカバのイラストである。

こういうのをエスプリというのだろうか。

オシャレでかつ遊び心もあり、さすがフランス。

特に有名ではない街中のレストランなのに、なかなか気が利いているではないか。

出てきた料理はラム肉の煮込み料理で、肉も柔らかくて美味しかった。

イタリアのレストランのように、料理の提供までやたら時間がかかることもなく、サービスも上々で満足。

食事の後のわずかな自由時間にはＩ黒三尉と街を散策した。

すると、エッフェル塔付近をうろついている怪しい白制服姿を発見。

なんと、〈かしま〉航海士のＮ田二尉だった。

なにをされているのかと思いきや、エッフェル塔のベストショットを探しているとのこと。

「ちょうどいいところへきた。エッフェル塔をバックに俺の写真を撮ってくれ」

と頼まれたものの、私は自他ともに認める撮影センスゼロの人間なので、Ｉ黒三尉が撮影を担当した。

どんなポージングをされるかと思えば、N田二尉はエッフェル塔の前で堂々の仁王立ち。

撮影後は「ありがとう。エッフェル塔と一緒に写れて、これでもう思い残すことはない」と満足げな表情だった。

よほどエッフェル塔に思い入れがあったのだろう。

実存主義カフェ？

イタリアにひきつづき、またもやオードリー・ヘプバーンの話で恐縮だが、彼女の主演作に『パリの恋人』（原題『Funny Face』）というパリを舞台とした映画がある。ヘプバーンの大ファンである私としては『ローマの休日』と並んで推している映画なのだが……。

ヘプバーン扮するヒロインが黒タートルに黒ズボンという黒づくめのファッションで登場し、ダンスを踊るシーンがある。

ダンス自体は賛否両論。しかし、この黒づくめのファッションは高く評価されており、映画の中では「共感主義ルック」とされていた。

この「共感主義」は明らかにサルトルの「実存主義」を掛け合わせていると思われる。

そして、サルトルといえば黒タートル。

カフェで黒タートルを着て、実存主義哲学について議論するというのが、サルトルの時代のパリで流行した一つのスタイルだったのだ。

映画の中のヘプバーンは「共感主義者」として、みごとにそのスタイルを演じてくれた。

となれば、せっかくパリまで来たのだから、私も当時の実存主義者になりきったつもりで、カフェでお茶してみたい。

わずかな自由時間にパリの街で、それらしいカフェを探す。

感心すべきことにパリの街はカフェが多く、どのカフェも軒並みテラス席を設けていた。

結局、次の集合場所に一番近いカフェを選んでI黒三尉とともに駆け込んだ。

なかなか雰囲気のある、オシャレなカフェだった。

夜はバーになるのだろうか。

カウンター席があり、奥には白シャツの店員さんが……。

はっきりとは覚えていないが、おそらくアイスティーかなにかを注文したと思う。

集合時間が迫っているため、ゆっくりと味わう暇もなく飲み干してしまったが、「パリのカフェでお茶した！」という実績はできた。

それだけでも満足なパリ研修だった。


オー・シャンゼリゼ♪


もちろん、カフェやレストランがパリ研修の目的ではない。ヴェルサイユ宮殿やルーヴル美術館といった王道の見どころもしっかりと見学し、フランスの歴史と文化を堪能させていただいた。

ただ、これら王道の場所に関しては、すでに様々な人が様々に書いていらっしゃるので、わざわざ私が書くまでもないかなと思った次第である。

強いて書かせていただくなら、あの有名な名画「モナ・リザ」が、想像していたよりずっと小さなサイズの絵で驚いたというところだろうか。

一般的な壁掛けカレンダーより小さいくらいで、正直「え？　これが？」と驚いた。

しかし、小さいながらも名画中の名画だけあって、絵から放たれるオーラは強い。ルーヴル美術館では「モナ・リザ」鑑賞に焦点を絞り、謎の微笑みを目に焼き付けたのだった。

さて、研修から戻ると、ルアーブルの港関係者及び地域の人たち主催のパーティーが開かれた。

日本でいうところの商工会議所とか市役所とか、そういう場所でのパーティーだったように思う。

いかにも手作り感満載のあたたかいパーティーで、入港記念として男性には青いネクタイ、女性には青いスカーフが贈られた。

私たち実習幹部からは、お礼に各寄港地恒例の歌のプレゼント。

WAVE実習幹部で、江田島の合唱部でも活躍したK原候補生やK澤候補生たちが中心となって、フレンチポップス「オー・シャンゼリゼ」をフランス語で披露した。

日本でも七〇年代に流行り、CMなどでもおなじみの、あの曲である。

これまでの寄港地の中でも随一の盛り上がりで、ルアーブルの人たちの喝采を浴びた。

パーティーで隣席したルアーブルのご婦人からは「ぜひ手紙を書きたいから、あなたの日本の住所を教えて」と頼まれ、お互いの住所を交換した。

単なる社交辞令だろうと思っていたところ、日本に帰ってから本当にフランスからのエアメールが届いて感激した。

手書きの文字とイラストによる、素朴なクリスマスカードだった。

ルアーブルの人たちの陽気であたたかな歓迎が身に染みた入港だった。

トルコ絨毯で反省会

八月三日にルアーブルを出港した私たちは、翌々日の五日には次の寄港地であるハンブルク港外（エルベ川河口付近）に仮泊した。

この日、私たち実習幹部は「配乗替え」という一つの転機を迎えた。

それまで〈かしま〉に乗り組んでいた実習幹部の一部が随伴艦の〈せとゆき〉に乗り換え、代わりに〈せとゆき〉に乗り組んでいた実習幹部が新しく〈かしま〉に乗り組んでくるのだ。

〈かしま〉は練習艦だが、随伴艦の〈せとゆき〉は護衛艦であり、哨戒ヘリコプターSH－60Jも搭載している。

〈かしま〉での戦闘訓練は主にシミュレーション用のコンソールを使ったものだが、〈せとゆき〉では実戦用のコンソールを使っての戦闘訓練となり、より実戦に近い訓練ができる。

その一方、艦内の居住環境に関しては、居住区の広さからして〈かしま〉のほうが格段に優れている。

一概にどちらがいいとはいえないが、将来の護衛艦勤務を見据えての実習という点では、〈せとゆき〉乗組のほうが吸収すべきところは多い気がする。

〈せとゆき〉にはWAVEの居住区がないので、WAVEの実習幹部は配乗替えに関係なく〈かしま〉残留だが、私の天測訓練のバディだったK城三尉と航海直のバディだったH田三尉は〈せとゆき〉に配乗替えが決まっていた。

K城三尉は私の所属する一組一二班の班長でもあったので、〈配乗替え〉を前に、K城三尉を囲んで最後の反省会が実習員サロンで開かれた。

実習員サロンとは、実習員たちの休憩室みたいなものである。共用の冷蔵庫やテーブル、椅子などがあり、実習員たちが自由に使っていいスペースとなっていた。

一二班はミーティングの際、よくこの実習員サロンを利用した。班長のK城三尉はトルコ入港以来、土産に買ったトルコ絨毯をわざわざ椅子の上に敷いて座り、さらにトルコのデミタスカップでお茶を飲む、という独特のスタイルを貫いていた。

たしか最後の反省会の日も、トルコ絨毯を敷いたトルコスタイルだったのではないかと思う。

「やっぱり、外様が班長になるべきじゃないと俺は思う。最初から最後まで〈かしま〉に残る奴が班長をやるべきだろう」

いたって真面目に語るK城三尉。

そもそも班長や、その上の組長は実習幹部同士の話し合いではなく、司令部側の人選によって決められる。

もちろん、誰が配乗替えとなり、誰が〈かしま〉残留となるかも、司令部によって晴海出港前から決まっている。

どうせ決めるなら、班長や組長は〈かしま〉残留組の中から選ぶべきだったのではないかというのである。

たしかに一理ある。

班長や組長は途中で替わらないほうがいい。

K城三尉の意見は、次年度への申し継ぎとして残されることとなった。

新成一二班

〈せとゆき〉移乗組が内火艇に乗り込んで〈かしま〉を後にする際、通例どおり「帽ふれ」が行なわれた。

「帽ふれ」は、見送る者と見送られる者が互いに帽子を振り合う、別れの挨拶である。

「帽ふれぇぇぇ！」

私たち〈かしま〉残留組は外舷に並び、K城三尉やH田三尉を乗せて遠ざかっていく内火艇に向かって一斉に帽子を振った。

内火艇からも、一斉に帽子が振られる。

　べつに永遠に会えなくなるわけでもないのに、やはりどこか寂寥感をともなう。

　それはついさきほどまで同じ艦で生活していた者たちとの別れというほかに、いよいよこの遠洋航海実習も折り返しを過ぎ、残り少なくなってきたという事実の重みのせいなのかもしれない。

　しかし、事実は事実としてしっかり受け止めながら、残りの実習を充実させて吸収していかねばならない。

〈せとゆき〉から新しくやってきた班長のK山三尉のもと、新成〈かしま〉一二班が誕生した。

　班長は新任だが、その上の一組長は前期に引き続きT田三尉である。

　班員の私たちとの顔合わせもそこそこに、新班長のK山三尉は〈かしま〉乗組員の諸員長たちのもとへ挨拶回りに大忙しだった。

　このK山三尉のトレードマークはズバリ「さわやかな笑顔」。

「新しく一二班の班長を務めます。K山三尉です。よろしくお願いします！」

　持ち前の笑顔で挨拶回りをする姿からはスター並みのキラキラしたオーラが放たれて

いた。

そして、K城三尉とH田三尉に代わり、新たに私の天測訓練および航海直のバディとなったのは、〈かしま〉残留組で、元候校第三分隊のU田三尉である。

U田三尉といえば、あの軍神N島候補生の後を継いで第三分隊の短艇係を務めた人物。剣道を嗜む、明るく朗らかな長崎県人だ。

実習が後期に入ったため、一二班はまた第一分隊配置の実習直からスタート。

U田三尉には、CIC（戦術指揮室）での砲術士配置におけるコンソールの操作をみっちり教えてもらった。

その後の対空戦闘訓練の実習では大いに助かった記憶がある。

じつは約半年間の遠洋練習航海実習の中で、私が唯一、指導官から褒められた配置が、この砲術士配置だったのだ。

コンソールの操作を教えてくれたU田三尉のおかげである。

なにはともあれ、配乗替えによって新メンバーを迎えた〈かしま〉は新しい班編成でエルベ川を上り、ハンブルクの港を目指したのだった。

ハンブルク入港

〈せとゆき〉からの配乗替えにより、新しい班編成となった〈かしま〉実習幹部は、新しい顔ぶれでハンブルクに入港した。ルアーブルでの賑やかな大歓迎に驚いた私たちだったが、ハンブルクの歓迎ぶりは、ルアーブルに負けず劣らず、いや、ルアーブルをさらに上回るものだった。

音楽、旗、横断幕、大歓声……といった定番に加えて、こちらの意表をつくような鳴り物、飛び物のオンパレード。

大道芸人のような方々まで岸壁に集まって、様々な芸を披露してくれていた。〈かしま〉が岸壁横付けしている間、私たちは登舷礼式のため舷側に立っているわけだが、彼らが岸壁で繰り広げる歓迎パフォーマンスには目を瞠るばかりだった。なんと表現すべきか、一瞬たりとも退屈させないゾというサービス精神に満ちあふれているのである。

ジャグリングやバイオリン演奏、独特の踊りを踊っている人もいた。

まさに全力の歓迎であり、歓迎すること自体を楽しんでいる。

歓迎とはこういうことをいうのか！

エルベ川を航行する〈かしま〉から後続の〈せとゆき〉を見る〔撮影・菊池雅之〕

歓迎の認識が変わるほどの大歓迎だった。

この日は夕方からハンブルク独日協会による歓迎レセプションがあり、私たちは夜のハンブルクへと繰り出していった。

ハンブルクはエルベ川沿いの港町だが、海の匂いはほとんどしない。

夜景がきれいでオシャレな町である。

博物館となっている帆船がライトアップされていたように思う。

レセプションはまず、ビールでの乾杯から始まった。

ドイツといえばドイツビールにソーセージである。

ビュッフェスタイルのレセプションだったので、本場のドイツソーセージを皿に取ってみたが……。

一口にソーセージといってもいろいろな種

類があるようで迷ってしまう。

とりあえず、目についた何種類かを食べ比べてみた。

ハーブの入ったものとか、チーズの入ったものなどは味に特徴があってよく分かったが、そのほかは、正直、違いがよく分からなかった。

しかし、おいしい！　これだけはよく分かった。

ほかに記念品をいただいたりなどして、レセプションが終わった後は自由時間となった。

せっかくなのでハンブルクの街でも散策してみるかなどと考えていると……。

一部の実習幹部たちが整列して集合している。

え？　これからなにかあるの？　自由時間じゃないの？

焦ったところ、どうやら〈せとゆき〉乗組の実習幹部が配乗替え早々に〈せとゆき〉でなにかをやらかしたらしい。

整列して粛々と行進しながら〈せとゆき〉へと帰艦していく。

なにかをやらかした罰として、レセプション後の自由時間返上で、総員艦内当直につくようだった。

ハンブルクの夜景と対照的に、物悲しい〈せとゆき〉組の帰艦行進だった。

ドイツ海軍士官学校

ハンブルクに入港してから、私たちはキール軍港と海軍士官学校を研修訪問したのであるが、じつはこの辺りの記憶が混ざってしまっており、ドイツ海軍士官学校がキールにあったのかどうかが今一つ定かでない。

たしか、キールでは帆船の見学をした。そして、この帆船は練習船であり、士官候補生たちはこの帆船で実習をするという説明を受けたような気がする。

私たちも候補生時代は短艇に帆を張って帆走の実習をしたものだが、キールにあった練習船は短艇ではなく、もっと大きく本格的な帆船だったように記憶している。

さて、ドイツ海軍士官学校であるが、私たちの到着はちょうど昼食時にあたり、士官候補生たちと一緒に学校の食堂で昼食をとるはこびとなった。

実に広々とした大ホールのような食堂で、江田島の食堂より広かったように思う。長テーブルにズラリと横並びして着席しているドイツ海軍士官候補生たちと向き合っての会食。

メニューも特別メニューではなく、ふだん候補生たちが食べているものを一緒にいただくという感じだった。

ドイツ海軍だけに、やはりメインはソーセージかと思いきや……。

まるで禅寺の精進料理のようなシンプルなメニューで驚いた。

いや、これならまだ精進料理のほうが豪華だぞ。

向かい側に並んでいる候補生たちのガッシリとした体躯とは対照的に、この日のメニューはじゃがいものスープとパン。あとはサラダのようなものが付いていたかどうか……。

え、これだけ？

というのが正直な感想だった。

たったこれだけで、こんな大きな身体が保つの？

候補生といえばまだ二十代前半。食べ盛りの若者だろう。

幸い、こちらの心の中の声は聞こえてはいないようで、向かいに座った候補生は隣の候補生とドイツ語で談笑しながら、パンとスープを口に運んでいる。

メニューに関して何の不満も疑問も抱いている様子はなかった。

私たちとの会話は英語だったが、彼らはおしなべて英語があまり得意ではなさそうで、これはかえってありがたかった。

あまり流暢に話しかけられても困るし、それは向こうも同じのようだった。

互いにたどたどしい英語で、とぎれとぎれの会話が続いた。

話の感じからして、彼らはどうも私のことを自分たちと同じ候補生だと思っているようだった。

しかも会話の端々で見られる「え、お前みたいな奴が日本の海軍に?」という目。なんとなく馬鹿にされているというか、相手にされていないというか……。海軍士官として認められていない感が否めなかった。

このまま終わるのはどうも面白くない。

ここぞとばかりに肩の階級章を強調して「私は三等海尉であって、候補生ではない」とアピールし、さらに候補生学校では八マイルの遠泳をクリアしたと語った。

すると、初めて彼らの目に「へぇえ」と少し見直してくれたような色が現われた。

もっといろいろ言ってやりたかったが、まあこの辺でいいだろう。

満足してシンプルな昼食を終えると……。

間髪入れずに、なにやら物々しい放送が入り、さきほどまで食事をしていた候補生たちが血相を変え、駆け足で飛び出していった。

なに?　なに?　なに?

互いに顔を見合わせる私たち実習幹部。

「もしかして、総短艇か?」

誰かが言い始めた。

そうか。ここは海軍士官学校。

総短艇の可能性は大いにあり得た。

「だけど、あれっぽっちのパンとスープで、あいつら大丈夫なのか？」

まあ、あのガッシリした体躯を見るかぎり大丈夫そうではある。

むしろ、食後の総短艇を考えれば、シンプルな食事のほうが身体にとっては良いかもしれない。

がんばれ、ドイツ海軍士官候補生！

心の中でエールを送ったのだった。

ベルリンの壁

海軍士官学校研修の翌日は首都ベルリン研修だった。

ベルリンといえば冷戦時代の象徴であるベルリンの壁。

もちろん崩壊後の研修なので、ベルリンの壁自体にはお目にかかれなかったが、お土産として売られていた「ベルリンの壁の欠片」を購入した。

といっても落書きの施された、ただのブロック塀の欠片である。

大きさもわずか二センチ四方足らずで、説明しなければいったい何の欠片なのか分からないだろう。

日本に帰ったら、この「ベルリンの壁の欠片」とセットでベルリンの土産話でもしようと思ったのだが……。

はたしてこの「ベルリンの壁の欠片」は本物だったのだろうか。

今にして考えると、なかなかあやしいものである。

また、「ベルリンのシャンゼリゼ通り」などと称されるクーダム通りの研修もあり、こちらでは艦内生活用のTシャツとレセプション用のワンピースを買った。

なかなか洗練されたオシャレな通りだったと記憶している。

都会なのに緑も多く、整然としているのだ。

ドイツらしく、わざわざドイツ語の書かれたTシャツを買ったわけだが、何と書かれているのか意味が分からない。

第二外国語でドイツ語を選択していたというI黒三尉に翻訳してもらったところ……。

「うーん。『酔っぱらった猫』かな？　あるいは『呑みすぎちゃった猫』とか？」

なんと、そんなことが書かれていたのか！

猫がグラスを高々と掲げているコミックタッチのイラストが気に入って買ったTシャツだった。

猫の後ろには転がった瓶が描かれていたのだが……。

この瓶は酒瓶だったのか！

どうしようもなく呑んだくれた猫のイラストTシャツであった。

戦史講話　遣欧潜水艦作戦

八月六日に想像を絶する大歓迎でハンブルクに入港した私たちは、正味三日後の八月九日にハンブルクを出港した。

出迎えほどの派手さはないものの、見送りもなかなか賑やかなものだった。

大勢の人たちに見送られながら、エルベ川を下る。

両岸の景観はいかにもヨーロッパらしい異国情緒にあふれたもので、登舷礼式で舷側に立っている私たちの目を楽しませてくれた。

次の入港はポルトガルのリスボンである。

さあ、大西洋へ。

出港の翌日には、第二次大戦時の日本の遣欧潜水艦についての戦史講話が行なわれた。

戦史にくわしくない私にとって、遣欧潜水艦作戦（遣独潜水艦作戦ともいうらしい）は初耳だった。

この現代においてでさえ、練習艦でヨーロッパまでやって来るのはなかなか大変な航程だった。

それを戦時中、敵の攻撃を警戒しながらはるばるドイツまで日本の潜水艦がやってきていたとは！

この作戦に使われたのは伊号第八潜水艦。

マレー半島のペナンからインド洋、喜望峰を経て大西洋へ抜け、当時ドイツ領だったフランスのブレスト港に入港したという。

伊八潜によって運ばれたのは錫や生ゴムなどの南方資源とドイツから供与されるUボートの回航要員五十余名。

回航要員プラス伊八潜乗組員で、総勢一六〇名ほどが乗り込んでいたという。

私が後に部隊配属となった練習艦の乗組員が一四〇名弱だったことを考えると、壮絶な大混雑だっただろう。

しかも、警戒のためほとんど浮上できなかったというのだから。

無事ブレスト港に入港できただけでも奇跡的だが、約一ヵ月ほどの滞在で、この伊八潜はふたたび帰路に着くのである。

回航要員を降ろした分だけ混雑は解消できたかもしれないが、引き続き帰路も危険な航海である。

往復の全航程四万五〇〇〇キロという、地球一周を超える距離を航海（ほぼ潜航）した伊八潜だったが、一九四五年の三月、沖縄沖で米海軍の駆逐艦の攻撃を受けて沈んだ。

一方、伊八潜によってドイツに渡った回航要員たちは、ヒトラーによって無償譲渡された潜水艦U1224（呂号第五〇一潜水艦）に乗り組んで日本に回航するものの、途中、大西洋で撃沈。

大先輩たちの辿った壮絶で圧倒される運命の作戦に思いを馳せる講話だった。

なお、本稿執筆にあたっては歴史家・山岸良二氏の「戦争秘話、日独往復に成功した潜水艦の奇跡」（東洋経済ONLINE）を参照させていただいた。

新たな運動　反転入列

さて、話はひるがえって遠洋練習航海実習である。

新たな戦術運動として、反転入列という運動が加わった。

どういう運動かというと、縦列で進んでいる先頭艦が、一旦列から外れて反転し、最後尾につくというもの。

じつは国内巡航の際に習ったような気もするのだが、もちろん覚えていないし理解できていないので、まったく初めての感覚である。

この運動のポイントはズバリ反転。

発動されたときに見る基準艦の方位は反転している間にどんどん変わってくる。それに合わせて、頭の中で自艦が今どの位置にいるのかを常に把握しておかねばならない。グルグルと回っていく羅針盤を見ながら、自分も一緒にグルグルと回ってしまうようでは駄目なのだ。

しかし、〈かしま〉での初めての反転入列は、個艦の幹部の方々による反転入列を見学して感心するだけに終わり、客観的に自艦の位置を把握するまでに至らなかった。後に部隊配属となっても、この反転入列は私の前に最大の難関として立ちはだかり、頭を悩ませることになるのだった。

第8章　欧州最西端ポルトガル

大西洋でひき船・ひかれ船

次の寄港地はポルトガルのリスボン。ヨーロッパ最西端の都市である。ポルトガルといえば、初めて種子島に鉄砲を伝えたのもポルトガル人。初めて日本にキリスト教を伝えたのもポルトガル人。こんな最果ての国の人が、あの時代の船ではるばる日本までやって来ていたなんて……。

遣欧潜水艦作戦の講話をきいた後、さらに昔のポルトガル人に思いを馳せながら、私は〈かしま〉に乗って大西洋をはしっていた。

ハンブルク出港からリスボンまでは約一週間弱の航程。

私の所属する〈かしま〉一組は、ふたたび一分隊配置の実習直につき、対空射撃やひき船・ひかれ船などの実習に励んでいた。

とくに、ひき船・ひかれ船の実習は遠洋練習航海実習中に二回しか行なわれない貴重な実習だった。

どういう実習かというと、何らかの理由により洋上で航行不能あるいは航行困難となった想定の艦を索でつないで引っ張るのである。

当然、引くほうの艦がひき船。引かれるほうの艦がひかれ船である。

一口にいうと簡単そうだが、自動車の牽引より数倍難しく危険な作業である。

両方の艦をつなぐ索はもちろん普通のもやい索ではなく、金属製のワイヤーロープ。

このワイヤーロープの強度、ひき船の重量、ひかれ船の重量などをあらかじめ計算した「ひき船・ひかれ船計画書」というものが存在し、この作成に当たるのは、一般的に砲雷科の士《さむらい》となっている。

〈かしま〉ではおそらく砲術士のG賀二尉が作成されたのだろうが、その計画書がどのようなものであったか、残念ながら記憶はまったく残っていない。

ついでにいうと、このワイヤーロープの繰り出し、繰り込み作業はかなり危険な重労働であり、一度ひき船・ひかれ船を実施すると、ゆうに半日はかかる。

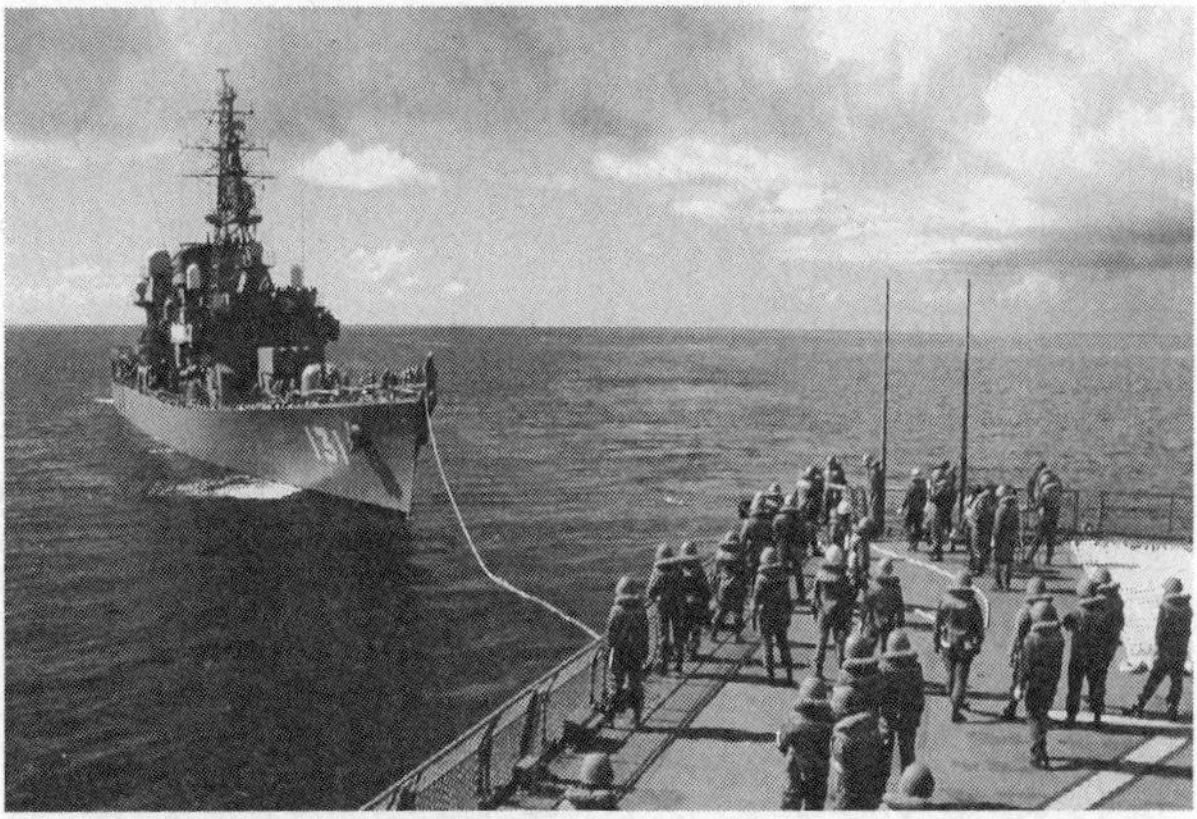

大西洋上では〈かしま〉の艦尾と〈せとゆき〉の艦首をワイヤーロープでつなぎ、ひき船・ひかれ船の実習が行なわれた〔撮影・菊池雅之〕

だからこそ約半年の遠洋航海実習でもわずか二回しか行なわれないのだろう。

それほど大がかりな実習であるのに、私の場合、〈かしま〉でのひき船・ひかれ船より、部隊に行ってから実施したひき船・ひかれ船のほうが強く印象に残っている。

記憶というものは概して上書きされやすいからだろうか。

ついでにもっと恐ろしいことを白状すると、部隊でのひき船・ひかれ船の計画書を作成したのは、この私なのだ。

どうやってワイヤーロープの強度や艦の重量などを計算し、表を作ったのかまったく覚えていないのだが、その当時「ああ、『かしま』で、もっとちゃんと実習しておけばよかった」と悔やんだのだけはよく覚えている。

さて、〈かしま〉での、ひき船・ひかれ船であるが、後部甲板いっぱいに展張したワイヤーロープを繰り出して僚艦の〈せとゆき〉の艦首につなぎ、引っ張った。

問題は一通り引き終わった後のワイヤーロープの撤収である。

なにせ長い長いワイヤーロープなので、〈かしま〉乗組員と実習幹部で協力し合い、リレーの要領でワイヤーを引きながら、後部甲板をグルグルと回って取り込んだ。

ここで、ふと疑問が……。

金属製のロープであるため、普通の軍手では、引いているうちに破れてしまう。部隊では特殊なグローブを嵌めて引いた記憶があるのだが、〈かしま〉でそのようなグローブを嵌めた記憶がないのだ。

ということは、私は見学していただけで実際にワイヤーロープを引いていなかった？　大変な実習だったはずなのに、あまり記憶に残っていないのは、見てただけだったから？

いや、そんなはずはないと思うのだが……。

四半世紀も経つと、記憶もあいまいとなり、だんだんと自身に都合のよいものに改ざんされていくような気がしなくもない。

視覚信号猛特訓！

大西洋での訓練はひき船・ひかれ船のような作業部署や戦闘部署訓練だけではなかった。

視覚信号訓練という通信訓練も並行して行なわれていた。

さて、視覚信号とはなにかという話だが、艦でいう視覚信号とは、発光・手旗・旗旒（マスト等に上げられる国際信号旗）の三つである。

発光信号はモールス信号を光の点滅の長短で表したもの。

ジブリ映画の『崖の上のポニョ』の冒頭で、主人公の宗介とその母リサがライトを点滅させて船と交信するシーンがあるが、あの点滅こそ発光信号である。

通常、艦艇勤務において艦橋にはだいたい信号員がいる。

僚艦や行き合い船からの突然の発光信号が送られてきた場合、この信号員が信号を受信して解読してくれるので、幹部が直接信号を受信するわけではない。

しかし、いつも必ず信号員が艦橋にいるとは限らないし、信号員が見ていない一瞬の隙をついて信号が送られてこないとも限らない。

艦橋立直中の幹部が信号を受信して解読できるに越したことはない。

手旗信号しかり、旗旒信号しかり、である。

よって、幹部にも信号を受信できる能力が求められるのだ（発信もできるに越したことはないが、受信のほうが重要視される）。

幹部候補生学校でも恒常的に視覚信号訓練は実施されていたし、遠洋練習航海実習中も、この大西洋に至るまでの間に何度も視覚信号訓練は実施された。

しかし、受信能力の高い実習幹部とそうでない実習幹部の差は歴然としており、あるときその差が練習艦隊司令官長谷川海将補の目に留まってしまった。

「けしからん！」

と怒り心頭に発した司令官は、リスボン入港直後に実習幹部に視覚信号査定を実施し、合格基準に満たない者に対して、リスボンでの上陸禁止令を発した。

ゲゲゲッ！

そんなの無理だよ。合格できるわけがない。候補生学校時代から苦手なんだから……。

しかし、なかなか訪れる機会のないヨーロッパ最西端の国。

この機会を逃したら一生のうち、ほぼ二度と訪れる機会はないだろう。

貴重な上陸の機会は逃したくない。

この日から、入港直後に行なわれる視覚信号試験に向けて、〈かしま〉航海科の方々の協力による、視覚信号試験訓練が始まった。

練度の高い者になると、発光信号などは、光を見ているそばから頭の中で文字に変換され、さながら手紙でも読んでいるような気分、あるいは音声化されて、頭の中に響いてくるような気分にさえなるという。

どう頑張っても、とてもその域まで達するとは思えないので、せめて、合格ラインぎりぎりでいい。

最初から低い志で臨んだものの、候補生時代から苦手だったものが何日かの特訓でとても克服できるものではない。

視覚信号のハードルは見上げるように高かった。

文字になって見えるどころか、どれも同じようにチカチカした点滅にしか見えないところが悲しい。

同期のＷＡＶＥであるＭ崎三尉と自主訓練などもしながら、リスボン入港まで悪あがきを続けたのだった。

リスボン入港

そうこうしているうちに、いよいよリスボン入港の日がやってきた。

もはやここまで来ると、リスボン入港の日というより、視覚信号査定本番の日、といったほうがいいだろうか。

にわか特訓の成果が表れる日でもあるわけだが、付け焼き刃が落ちる日でもある。

さて、肝心の試験結果はいかに？

ジャジャジャーン！

もちろん、不合格である。

候補生学校時代から苦手なまま逃げてきた、そのツケがみごとに回ってきたのだ。

〈かしま〉実習幹部時武三尉、リスボン上陸止め決定！

こうなることは分かっていたが、こうもはっきり決定されると、さすがに落ち込みも激しい。

当時の実習日誌に、「練度の遅れを取り戻さねばならないと痛感した」というようなことを書いて提出したところ、航海士のN田二尉から「視覚信号受信の練度は遠航で身につけるものではない。最低限のことは候校でやっておけ！」と、辛辣なコメントをいただいたのを覚えている。

まさにそのとおりなので、何も言い返せた義理ではないのだが……。

もしも、この体験記を読んでくださっている方々の中に、現役の幹部候補生の方がいたら、「今サボったツケは必ず回ってくる。視覚信号受信の練度は候補生のうちに身につけておくべき！」と、声を大にしてお伝えしておく。

失意のレセプション

リスボン入港の翌日も視覚信号査定が行なわれ、ここでも合格できなかった私はいよいよますます落ち込んだ。

せめてもの救いは、不合格だったのが私一人ではなかったという点くらいだろうか。

実習幹部の約四分の一くらいは不合格で、〈かしま〉艦内当直決定となっていたように思う。

これではいけないと奮起した不合格者たちは代表者何名かで、〈かしま〉航海科に追試対策の信号訓練を懇願に行った。

ようするに稽古をつけてくれ、というわけである。

さすがに見るに見かねたのか、航海科の海曹がこの稽古を引き受けてくれた。

こうして不合格者たちは不合格者たち同士結束し、航海科海曹による特訓に励んだのだった。

この日はまた司令官主催の〈かしま〉艦上レセプションが行なわれ、ポルトガル側からたくさんの来賓が乗艦した。

私たちはホスト役に徹するため、なるべく実習幹部同士では群れず、だいたい二人一組くらいで来賓の接待に当たった。

もちろんポルトガル語など喋れないので、会話はすべて英語である。

私は同じWAVEのH川三尉と接待に当たっていたのだが、この時、対応した背の高い老紳士との会話にはなかなか苦労した。

老紳士は自己紹介でしきりに「ポルト」という言葉を発し、私たちはどうしてもその「ポルト」の意味が分からなかったのだ。

結局、その老紳士が何の仕事をしている人なのか、何者なのかも分からず、会話を続けていたところ、話はいつのまにか「『かしま』に招いてくれたお礼に、今度は私が君たちに夕食をご馳走しよう。どうだ?」という流れになった。

「いやいや、ご好意はありがたいが、私たちは視覚信号試験の追試に合格しないと外出できないんです」と告げると、「それなら、がんばって必ず合格すればいい」とおっしゃる。

たしかにそのとおりなのだが、そう簡単にはいかないのですよ。

あれこれやり取りしている間に、約束の日時が決まってしまい、「必ず合格しなさいよ」と念を押されてしまった。

おまけに「その試験を実施すると決めたのは誰なんだ?」というので、「練習艦隊司令官です」と答えたところ、その老紳士はつかつかと長谷川司令官に歩み寄っていった。

私とＨ川三尉が顔を見合わせて焦ったのはいうまでもない。

我らが司令官に向かってその老紳士がなにを言うのか、ハラハラしながら見ていると……。

「司令官、私は彼女たちと一緒に外のレストランで食事をする約束をしたんだ。だから、どうにかして、彼女たちを試験に合格させてやってくれ」

なんと、この直談判により、私たちは無事視覚信号試験合格ということになり……。

という流れには当然、ならない。

長谷川司令官は老紳士に向かって「どうか応援してやってください」とにこやかに応対し、私たちに向かって、「ほら、せっかくのご好意を無駄にしないように、しっかりやれ！」と喝を入れてくれたのだった。

後日談になるが、この老紳士が頻繁に発した「ポルト」という言葉。

これはどうも英語の〝Port〟で、「港」という意味だったのではないかと判明した。

司令官と対等に口を利けるくらいであるから、あの老紳士は港のお偉方であったにちがいない。

リスボン港の港湾局長といったところだったのではないだろうか。

貴重な発光ドリル

リスボン当直も三日目に突入するのではないかと思われるころ、見るに見かねてくれたのか、同部屋のI黒三尉（もちろん一発合格）が候補生学校で使っていたという発光信号対策用のペーパードリルを貸してくれた。

え？　発光信号用のドリルって？

頭の中が疑問符で一杯の私に手渡されたのは、発光の長短が塗りつぶしたマークシート用紙のように並んでいるドリルだった。

どの長短の組み合わせがどの文字に変換されるのかを条件反射のように覚えられるようになっている。

なんでも候補生学校の第一分隊長が発光係に指示して作らせた第一分隊秘伝のドリルだそうで。

さすが通信競技で優勝した分隊だけある。あの栄光の陰には、人知れずこんな努力があったのか……。

つくづく頭の下がる思いだった。

「謹んでお借りします」

これまでの自身の意識の低さを恥じながら、そして、リスボン港湾局長からのプレッシャーをひしひしと感じながら、起死回生のリスボン上陸を賭けて、追試のための特訓に励んだのだった。

ここに地終わり海始まる

視覚信号査定に合格しない限りプライベートでの上陸はできないが、ありがたいことに実習幹部全体の寄港地研修には参加できる（参加しなくてはならない）ことになっていた。

よって、査定に合格するまで一歩も艦から外へ出られないわけではないところがまだ救いだった。

寄港地研修ではヨーロッパ最西端のロカ岬を訪れた。

最西端。つまりは陸地の端っこであり、断崖絶壁である。

とくに柵があるわけでもなく、見下ろせば海という厳しい場所であるにもかかわらず、殺伐とした感じがしないのは、ヨーロッパだからだろうか。

そこはじつに広々とした「果て」だった。

緑なす高台にポツリと赤い屋根の白い灯台が建っているさまはどこかノスタルジック

な情緒をかき立てる。

絵葉書にでもするにはもってこいの景観だった。

さすが断崖だけあって吹いてくる風は強烈だったが、夏なので清々しく感じられる。

じつはロカ岬では、個人的に楽しみにしていたことが一つあった。

それは、ポルトガルの詩人、ルイス・デ・カモンイスによる「ここに地終わり海始まる」の詩句が刻まれている石碑との対峙である。

大学四年生のとき、この詩句をそのままタイトルにした、宮本輝氏の小説を読んで以来、この石碑をじかに見てみたい、ロカ岬に行ってみたい、と憧れていたのだ。

一八年間、結核の療養でずっと病院生活を送っていた二四歳の女性が見知らぬ人から絵葉書をもらったことがきっかけで奇跡的に回復するという筋書きの小説である。

ロカ岬が直接の舞台になっているわけではないものの、カモンイスの詩句とロカ岬のイメージが全編通じて効果的に使ってあり、とにかくタイトルにインパクトがあって印象に残っていた。

実際に石碑を前にして「おお、これか!」と、しばらくその場を動かず感慨を胸に閉じ込めた。

先端部に十字架が載った、見上げるほどの石碑ではあったが、詩句が刻まれているのは下のほうだったので、背伸びをしなければ見えないということはなかった。

肝心の詩句はもちろん原語のままで、翻訳されているわけではない。

しかし、だからこそよけいに感慨深いものがあった。

もしもこの石碑にカモンイスの詩句がなく、ただ「ここはユーラシア大陸最西端です」と刻まれているだけだったらどうだろうか。

「へええ」とは思うかもしれないが、それではロカ岬は単に世界地図の中の最果ての一点としての認識にしかならなかっただろう。

カモンイスの詩句があったからこそ、ロカ岬には世界中の観光客の心を惹きつけてやまないロマンが生まれたのではないだろうか。

ロカ岬では、「ユーラシア大陸最西端到達証明書」というものを発行しており、申請すればこの証明書がもらえる。

むろん料金を取られるので、このあたりはロカ岬も商売なのだろう。

やや興ざめな気持ちがしなくもないが、せっかくなので申請した。

「証明書」はA４判ほどの大きさの紙でカラー刷りだった。

おそらくはポルトガル語で「あなたがユーラシア大陸最西端の地に到達したことを証明します」といった趣旨のことが書かれており、スタンプではなく、赤い蝋による封蝋印がされていた。

一生のうち、もう二度と来ることはないだろうと思うと、やはり手に入れておいてよかったと思う証明書だった。

ほかにリスボン研修で印象に残っているのは、ベレン地区にある「発見のモニュメント」である。インド航路を発見したヴァスコ・ダ・ガマが出港した場所に建てられた、高さ五二メートルの巨大なモニュメントだ。

これから大海に繰り出そうという船の船首の部分を白いコンクリートでかたどったもので、ポルトガルを代表する三三人の偉人たちが乗船している。

船首の先頭にいるのは大航海時代の先駆的指導者であるエンリケ航海王子。続いてヴァスコ・ダ・ガマ、世界一周を成し遂げたマゼラン、喜望峰を回って初めてインド洋に到達したバーソロミュー・ディアス、日本にキリスト教を伝導したフランシスコ・ザビエルなど、じつにそうそうたるメンバーである。

テージョ川に面して建てられたモニュメントを見上げ、「あれがマゼランか」「え？ザビエルはどこ？」などと指差しながら見学したのを覚えている。

彼らが発見した大陸や航路が現在も存在していることを考えると、一五世紀にして大海を渡った彼らの「発見」の偉大さにはただ圧倒されるばかりだった。

運命の（？）視覚信号査定

おかげさまで研修では史跡や名所を巡ることはできたが、やはりプライベートの外出もしたい。

個人的に買い足しておきたい日用品もあることだし……。

となれば、どうしても視覚信号査定に合格するしかない。

研修から戻ると、艦内で黙々と査定対策に励んだ。

手旗、発光、旗旒の三種目のうち、私にとって難易度が高かったのは、何といっても発光である。

少しでも集中力を欠くと、ただチカチカとした光の点滅にしか見えなくなってしまう。

同部屋のＩ黒三尉から借用した候校第一分隊秘伝の発光信号ドリルとの格闘が続いた。

高得点を取るコツは、ズバリ瞬発力とあきらめ。

信号を見ると同時に受信帳に文字を書き付け、分からなかったら、その文字はすぐにパスする。

信号は一瞬で流れて行ってしまうので、「ええっと何だっけ？」などと考えていると、次の文字が受信できなくなる。

分からなかったらすぐにあきらめて次へ。

この鉄則を頭に叩き込んで、いざ本番！

その日はよく晴れ、風も穏やかな日だったと記憶している。

まずは旗甲板で旗旒信号から。

ベテランの〈かしま〉信号員がカラフルな国際信号旗の収められた旗旒ボックスから五種類ほど旗を選んでフックに掛けていく。

そこから「揚げ！」の号令とともにマストに旗旒が一気に揚がる。

揚がる勢いで旗が風を孕み、広がる瞬間にどの旗なのか見極めるのがコツだ。

揚がり切ってからだと、旗が垂れてしまって、模様の判別がしづらくなる。

旗が揚がっている時間は三秒ほどだったように思う。

とにかく一定の時間が経過すると、「降ろせーっ！」と、瞬時に旗が降ろされる。

揚がる瞬間および掲揚されている時間内に読み取れなかった場合は、この降ろす瞬間がラストチャンス。

降ろされる勢いで広がった旗の模様を素早く判別するのだ。

旗の降下が終わった後は受信帳に書き込むための少しの時間が設けられ、すぐに次の旗の掲揚となる。

こうして、一〇問くらい受信しただろうか。

採点されている間に、今度は発光信号の査定である。

おそらく、実際の信号灯を使ってではなく、実習員講堂で赤色のランプを点滅させて行なわれたように思う。

じつはこのあたりの記憶が定かではないのだが、とにかく集中して受信した。分からなかったら深追いせず、すぐにあきらめて次の文字を追うという鉄則も守った。にわか仕込みゆえ、とうとう最後まで点滅が音声になって聞こえたりとか、文字になって伝わってきたりとか、そういった熟練の領域にまで達することはなかった。

だが、今までで一番手ごたえを感じることはできた。

手旗信号の記憶がないところをみると、手旗にはさほど苦労しなかったのか、あるいは手旗だけ免除されたのか？

採点結果が出るのは意外にも早かった。

午前の査定で、午前中に結果発表である。

さて、結果は……。

三度目のなんとやらで、みごと合格！

うれしいというよりホッとした。これでようやく人並み、である。

午後からは晴れてリスボン上陸。

本当に「やれやれ」だった。

よせばいいのに……

初のリスボン上陸で、私が目指したのは「レース編みのお店」だった。

ポルトガルは手芸が盛んで、お土産を選ぶならレース編み製品が良い、という話を聞きつけたからだった。

実家の家族にレース編みのコースターや花瓶敷などをお土産にしたら喜ばれそうだと思ったのだ。

さっそく商店街に出て、それらしい雑貨屋に入ると、同世代くらいの可愛らしい女性店員さんが出てきた。

ふわふわとした天然パーマの髪をポンパドールふうにまとめ、大きな黒縁のメガネをかけたコミカルな感じの子だった。

小柄で動きがちょこまかしていて、なんとなく『ムーミン』に出てくるリトル・ミーに似ている。

私が「日本から船に乗って来た」と言ったら、とても驚いていた。

リトル・ミーおススメのレース製品をいくつか購入し、「帰ったら日本から手紙を書くから」と互いの住所を交換した。

ここでやめておけばいいのに、私はさらにリトル・ミーに「この辺に、いい美容院があったら教えて」と頼んだ。

ナポリで散髪して味をしめたので、視覚信号査定合格記念にリスボンでも散髪しようなどと思いついてしまったのだ。

「まかせといて！　あたしの行きつけの美容院を紹介するわ！」

なんとリトル・ミーは店主に断って美容院まで私を案内してくれるという。

ほんの小さな思いつきがおそろしい速さで実現し、私は街中のビルの高層階にある、いかにもオシャレな美容院に連れていかれた。

「私の担当美容師さんを紹介するわね。彼の腕前なら間違いないわ！」

おまけに担当美容師まで紹介され、あれよあれよという間にリスボンでのヘアカットがスタートした。

「どんな髪型になさいますか？」

リトル・ミーご推薦の美容師は、オシャレなあご髭をたくわえた、落ち着いた感じの紳士だった。

すでにナポリでボブカットにしていた私は「では、ショートカットで」とオーダーした。

さて、結果は……。

ああ、外国でコミュニケーションがうまくいかないと、こうなるのね。

という典型のようなヘアスタイルだった。

一言でいうと、『サザエさん』に出てくるワカメちゃんである。

艦に戻ると案の定、「どうした！」と反響の嵐。

視覚信号査定に合格した喜びに浮かれた心の招いた悲劇だった。

ファドの夜

視覚信号査定に合格したので、無事に艦上レセプションで知り合ったリスボン港湾局長との夕食会の約束を果たせるはこびとなった。

お招きいただいたのは、アルファマ地区にあるレストランだったように思う。

アルファマ地区とはリスボンでもノスタルジックな下町情緒あふれるエリアで、家並みの中を建物すれすれに路面電車が走っていたりする。

初めてなのにどこか懐かしい、日本の昭和を彷彿とさせるような、レトロな街並みだった。

今回のホストである港湾局長は、〈かしま〉の艦上レセプションにはいらっしゃらなかった夫人同伴でのご登場。

港湾局長はスーツ、夫人はゆったりしたワンピース。ゲストの私とH川三尉は白の夏制服で、和やかにテーブルを囲んだ。

「まずは査定合格おめでとう！」

ポルトガルワインで乾杯をして、いただいたのは魚料理だったように思う。

話の感じから、お子さんたちはもう社会人として独立し、今は夫婦二人の生活を静かに愉しまれているようだった。

それにしても見ず知らずの日本の実習幹部になぜここまで好待遇して下さるのか。子育てを終えられた後の淋しさを埋めるお気持ちもあったのか。

お二人は私とH川三尉による〈かしま〉で行なわれている訓練の話などを楽しそうに聞いてくれた。

途中でファド歌手によるファドの披露があり、しみじみとしたポルトガルの夜の演出となった。

ファドは日本の演歌に相当するような民族歌謡で、歌詞の意味は分からないが、情緒たっぷりで切々としたものがあった。

「訓練は大変かもしれないが、どうか頑張って立派な海軍士官となってほしい」

港湾局長夫妻から手渡されたのは、リスボン港のマークがデザインされたTシャツ。

このお土産に対する答礼品としてH川三尉が用意したのはなんと〈かしま〉戦闘配食

用の〝缶飯〟。

「ボイルすると美味しいですよ」

ゴツいOD色の缶飯にご夫妻は大ウケしてくれた。

最後は握手をして別れ、私たちはタクシーで港へ。

運転手には、〈かしま〉艦尾で降ろしてくれと頼んだにもかかわらず、中部の舷門に横付けされてしまって大いに焦った（舷門横付けが許されるのは艦長だけなので）。

幸い実習幹部の当直士官に事情を話したところ、お咎めは逃れられた。

しみじみとしたリスボンの夜だった。

第９章　大西洋横断は訓練漬け

アメリカ大陸へ

八月一九日にリスボンを出港し、九月二日にアメリカのノーフォーク仮泊に至るまでの航程は、なかなかに長い航程だった。

ひたすら訓練と座学をくり返しながら大西洋をはしる日々が続いた。

遠洋練習航海実習は後半戦に入っており、帰国前に行なわれる海技試験もそろそろ視野に入ってくる時期だった。

海技試験とは、海技士（国家資格）の資格を取得するための試験で、国土交通省の管轄下、各地方運輸局で実施されている。

海上自衛隊はこの海技試験に準じた試験（出題は海技試験とほぼ同じ問題）を部内で行なっており、私たち実習幹部は、遠洋練習航海実習の最後に必ず受験する決まりになっていた。

私たちが受験するのは「運航二級」と「機関二級」というもので、これは艦艇部隊に配属される者だけに限らず、航空部隊、後方部隊に配属される者も含めて総員が受験する。

受験する以上、もちろん合格しなければならないのだが、これがなかなかの難関だった。

最大の鍵はこの「運航二級」の試験に天測計算の問題が必ず出題される点である。

以前から再三にわたって述べてきたとおり、天測計算は天測計算表などを用い、関数電卓を駆使してひたすら計算しても、なかなか正答に至れない（私だけ？）、非常に複雑怪奇な計算だ。

しかも配点がかなり大きいので、天測計算の問題を飛ばしての合格はまずあり得ない。

合格対策のためか、このころから頻繁に天測計算に特化した試験が行なわれるようになった。

なんと、この天測計算の試験に合格すれば、毎日ほぼ日課の一部と化している天測訓練を免除されるという特典付きで。

船酔いと並ぶほどの苦痛である天測訓練が免除されるのならば、合格するしかない。誰もが俄然やる気を出し、もちろん私のやる気にも火が付いた。

実際、このころから天測の試験に合格して天測訓練を免除される者がポツリポツリと出始めた。

ああ、私も！

しかし、合格への道のりはひたすら遠く、何度もチャレンジしては落ち込む日々が続いた。

持病発症

アメリカ大陸までの航程は長いうえに、実習も残り五〇日余りとなってくると、この辺りでそろそろ体調を崩す者も出てくる。

中には大掛かりな手術を要する症状とのことで、アメリカに着いたら艦を降りて日本に帰国する実習幹部も出てきた。

そのほか結膜炎のような、目が充血する症状の眼病が小さな流行を見せていた。

〈かしま〉には医務長、外科長、歯科長という三名の医官の方が乗艦しており、実習幹部や〈かしま〉乗組員総員の健康維持、急患対応に当たっていた。

なにしろ三名だけなので、それぞれの専門分野以外の患者も診なければならない。

この謎の目の充血症状の対応に当たられていたのは、なんと外科長だった（眼科専門医がいないので仕方なく、だったのだろう）。

正式な病名は覚えていないのだが、外科長がこの症状につけた通称（？）は「おこり目」というものだった。

どうやら伝染する症状らしく、「みんな目を清潔に！」と呼びかけておられた。

そんな状況下、私もまた目の痛みに悩まされていた。

流行の「おこり目」ではなく、持病の肩こり頭痛からくる眼痛である。

なにしろ天測計算でがっつりと細かい計算に取り組み、戦闘訓練では重たいヘルメットを長時間被っているので、どうしても肩が凝ってしまう。

「なんだ、肩こりか」と思われるかもしれないが、これがなかなか厄介な症状で、肩こりによって眼神経が圧迫されて、とにかく痛い。

あまりに痛くて、とうとうまともに目が開けられなくなり、受診を決意した。

訓練の合間に医務室に行くと、医務室の中には「おこり目」に対する注意喚起の貼り紙が何枚も貼られていた。

そんな状況下、私が片目を手で押さえながら入室したものだから、外科長の表情にサッと警戒の色が浮かんだ。

「今日はどうしましたか？」

「はい。目が痛くて……」

私が答えるやいなや、外科長の顔が「ああ、またか」という表情に変わったので、私はあわてて説明した。

「いえ、『おこり目』ではないと思うんです。昔からの持病でして……」

いくら説明したところで、肩こりが一瞬で治る薬などないことは承知していたが、それでも誰かに話を聞いてもらえただけで、かなり癒された。

外科長は最後に気の毒そうな表情で、「根本的な解決にはならないだろうけど、痛み止めの薬を出しておきますね」と、ロキソニンを処方してくれた。

その後、司令部写真班の海曹の方が、日本から持ってきた電気マッサージ機を「しばらく貸し出しましょうか？」と申し出てくれたので、お言葉に甘えることにした。

実習はあと五〇日余り。

こうしてロキソニンと電気マッサージ機で、長年の持病をうまくごまかしながら、アメリカ大陸を目指す日々が続いたのだった。

各種訓練

天測試験や海技試験に向けての勉強は切実なものがあったが、せっかくの長い航程をただ座って勉強に費やすのはもったいない。艦がはしっている間は、航海中にしかできないさまざまな訓練が行なわれた。その一部をご紹介しよう。まずは蛇行運動から。

その昔は〝弾よけ運動〟などとも呼ばれていた運動で、文字通り蛇が身をくねらせるように艦尾を左右に振りながら航行する訓練である。

練習艦隊での蛇行運動訓練といえば個艦ではなく隊全体、すなわち〈かしま〉と〈せとゆき〉の二艦でたいていは朝一番に行なわれる。

ちょうど早朝ランニングのように、一日の始まりに軽く身体をほぐして体調を整えよう、みたいなノリの訓練（？）といったらいいだろうか。

蛇行運動の直後に朝食だったり、朝食後すぐに蛇行運動だったりすることが多いせいもあって、今だに「蛇行運動」と聞くと「急いで朝ご飯を食べなくちゃ！」と焦った気持ちになる。

ちなみに蛇行運動は、先頭艦よりも後続艦のほうが難しい。

左右に振れる先頭艦のウェーキの中にすっぽり入るように自艦を操艦していかねばならないからだ。

しかし、どういうわけか、私は国内巡航のときから、蛇行運動だけは得意だった。「あ、今、先頭艦が舵を取り始めたな」とか「この辺で舵を取ればいいな」といった勘が働き、だいたいそれが当たる。

そもそも前方のウェーキを追っていけばいいので、運動盤を使って針路速力を計算する必要がない。

だから私でも出来たのだと思う。

指導官の当直士官からも「お前、なかなか操艦うまいな」などと褒められると、うっかりいい気になりそうになるが……。

その辺りは冷静に受け止めて、粛々と操艦させていただいた。

次によく行なわれる訓練といえば、ハイラインだ。

ハイラインは作業部署の一つであり、艦から艦への人員輸送や物品輸送などの際に用いられる。

まずは二隻の艦が近接して平行に並んで航行し、両艦の間にハイライン索という索を渡すところから始まる。

その前に甲板作業員整列がたいていは後部甲板で行なわれ、ハイライン作業における甲板作業員総員が集まって作業指揮官の説明を受ける。

作業指揮官はだいたい水雷長か砲術長あたりが担当する。

必ずしも晴天時に行なわれるとは限らず、雨天時は作業員も合羽を装着しての整列となる。

示達事項は主に作業における注意点などだ。とにかく安全が最優先であることはいうまでもない。

示達が終わると、甲板作業員たちはそれぞれの持ち場で配置に付き、艦は近接運動を始める。

両艦の位置が近づいて平行になったところで、ハイライン索などの索の先端が仕込まれたサンドレット（ロープでできた錘のようなもの）が投擲されるのだが……。

私の記憶では、一分隊所属の運用員が手投げをしていた。

場合によっては、拳銃のような形状の発射機を使って打ち上げることもあるのだが、たしかハイラインの際は手投げだった。

イメージとしてはカウボーイの輪投げの要領である。

サンドレットのついた索をブンブンと回転させて勢いをつけ（横回転ではなく身体の正面で縦回転）、その勢いで近接艦の甲板めがけてエイヤッと投げる。

見ていると簡単そうだが、このサンドレット投擲には専門の訓練（サンドレット投擲訓練）があるほどで、素人がいきなり真似してやってみろと言われても、なかなかできるものではない。

さて、こうして投げられたサンドレットに仕込まれたハイライン索などの先端が近接した相手艦に渡ると、いよいよハイライン作業開始となる。

すなわち、二隻の艦の間に索が渡され、索を通じて二隻がつながるのだ。索には滑車を介してボースンチェアいう椅子状のものが取り付けられ、人員輸送の場合はここに人が座る。

物品輸送の場合は、この椅子に物品を載せる。

互いに索を引き合って、二隻の間を人や物が行き交うというわけだ。

私が今になって後悔しているのは、候補生時代か実習幹部時代に一度はボースンチェアに座ってハイライン移送を体験しておけばよかったという点である。

部隊配属となって個艦の幹部になってしまうと、なかなかそうした機会は巡ってこない。

ある意味、「お客さん」でいられる実習員の立場のうちに、訓練の練習台に立候補して移送されておけばよかった。

「試しに移送されてみたい者は挙手！」

と聞かれるチャンスは何度もあったのにもったいないことをした。

ちなみに移送される要領としては、移送された相手艦の甲板に降り立ったら、その足ですぐに艦橋にいる艦長に挨拶をして、また甲板に出て復路の移送を待つ、という流れになる。

移送人を載せたボースンチェアを送り出したり戻したりするため、ハイライン索を引いた経験は豊富なのだが……。

残念ながら、今後の人生でボースンチェアに乗って移送されるような機会はもうないだろう。

パッシングエクササイズ

遠洋練習航海ならではの訓練といえば、他国海軍とのパッシングエクササイズ（passing exercise）である。

近い海域で行動中の他国艦とすれ違うついでに、ちょっとした演習をしようというものだ。

最初の寄港地であるシンガポールを目指す航程での、米空母エンタープライズの航空機発着艦訓練見学に始まり、エーゲ海では同じく米海軍のミサイル巡洋艦ヒューシティとのハイライン。

エーゲ海でハイラインの訓練のため〈かしま〉と〈せとゆき〉に挟まれて並走する米ミサイル巡洋艦ヒューシティ〔撮影・菊池雅之〕

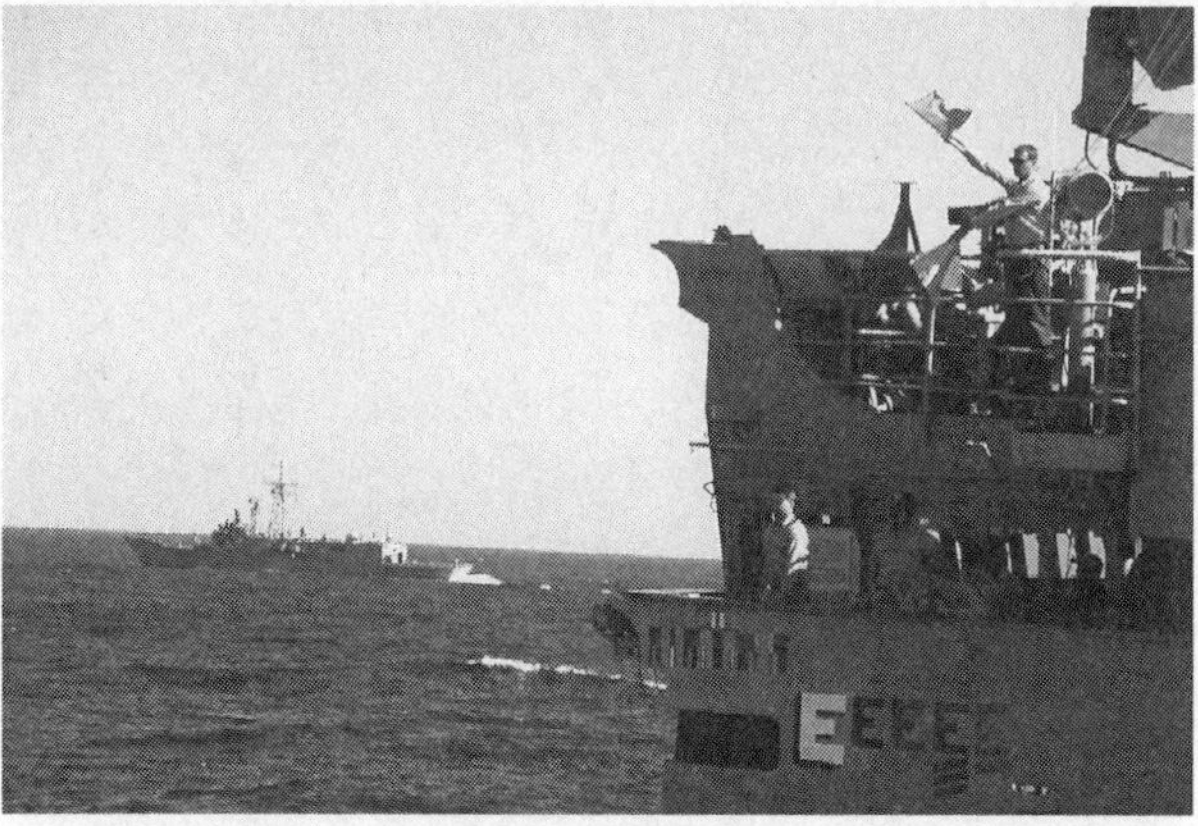

大西洋上で〈かしま〉と近接運動を行なう米駆逐艦コノリー。艦橋上の露天甲板から手旗信号が送られている。遠方はフリゲート艦シンプソン〔撮影・菊池雅之〕

イギリス海軍の空母イラストリアスとは、人員の交換移乗も行なわれた。

今回の遠洋練習航海実習ではイギリスには入港しなかったので、イギリス海軍との会合は貴重な機会だった。

ちなみに、なぜイギリスに入港しなかったかといえば、この年、イギリスが戦勝五〇周年記念のイベントを行なっていたからとのことだった。日本海軍がイギリス海軍を大いに手本としていたことを考えれば、イギリスにこそ入港したかったところではある。

残念ながら私は空母イラストリアスに移乗するメンバーに入っていなかったので、イギリス海軍と直接交流はできなかったが、〈かしま〉艦橋でイギリス海軍の女性乗組員と無線交話する機会があった。

日本の練習艦ゆえ、配慮してくれたのかもしれないが、意外にものんびりとした発音の分かりやすい英語だった。

しかし、こちらが出した英語の指令文は発音が悪くて通じなかったようで、すぐさま「Say again text（もう一回言って）」と返ってきて、艦橋で大笑いとなった。

ドイツ海軍のフリゲート艦ブレーメンとの会合では戦闘機トーネードも飛んできてくれた。

〈かしま〉直上をかすめるように、あっというまに飛び去って行ったのだが、その迫力あるエンジンの爆音に〈かしま〉甲板は大いに盛り上がった。

そして、今度の大西洋では米海軍の駆逐艦コノリーとミサイルフリゲート艦シンプソンとの会合である。

〈かしま〉はコノリーと近接運動を行なった。

およそ二〇～三〇メートルほどの距離に近接するので、あちらの艦の甲板の様子がよく見える。

こちらが整斉と整列してピリピリとしているのに、あちらはとてもリラックスした感じで、ギャップがあったのを覚えている。

このときは原子力潜水艦も加わって対潜戦の演習もしたのだが、肝心の潜水艦の動きはソーナー室やＣＩＣのコンソールの表示盤で追うのみで、浮上した姿を見せてくれなかったのは非常に残念だった。

第10章　アメリカ東海岸

ノーフォーク入港

海技試験対策や各種訓練を実施しながら大西洋を越え、いよいよ新大陸（大航海時代ふうにいえば）に辿り着いた私たちは、九月二日、アメリカのノーフォーク沖に仮泊。翌九月三日には世界最大の海軍基地であるノーフォークに入港した。

私たちの入港した岸壁の向かい側には空母エンタープライズが停泊しており、その巨体を見上げながらの登舷礼式となった。

エンタープライズは世界初の原子力空母で、当時すでに三四年の就役年数。

一方、〈かしま〉はこの遠洋航海が就役後初の処女航海。

経歴からしても圧倒的な違いだが、スケールも段違いだった。

全長三四二メートル、基準排水量七万五七〇〇トンのエンタープライズの向かい側にあって、全長一四三メートル、基準排水量四〇五〇トンの〈かしま〉はまるで「付録」みたいなもの。

入港横付け作業中空母に目の前を塞がれて、登舷礼式の間中、空母以外はなにも見えない状態だった。

それよりなにより、こんな空母を悠々と抱えているノーフォーク海軍基地の規模の大きさ！

基地の中にショッピングセンターがあったり、病院があったり、映画館があったり……。

基地だけで一つの町を構成しているのだ。

入港後の基地研修もわざわざバスを使って巡ったくらいである。

やたら広くて品揃えも豊富なＰＸでは、知人の子どものお土産用にアメリカンネイビーのキッズサイズのトレーナーを購入したのだが……。

結局知人の子どもに渡しそこなったそのトレーナーをなんとつい最近まで、私の娘が着用して小学校に登校していた。

なかなかカッコいいデザインだったので、クラスの友だちにも好評だったようだ。

まさか四半世紀前にノーフォーク基地のPXで購入されたトレーナーだとは、クラスの誰も知るまい。

さて、基地研修の後に私たちが向かったのは、コロニアル・ウィリアムズバーグ。ノーフォークはバージニア州にあり、バージニア州といえば元はバージニア会社によって設立されたイギリス領の植民地（バージニア植民地）である。その植民地時代のバージニアを再現した野外博物館がコロニアル・ウィリアムズバーグだ。

世界最大の海軍基地ノーフォークに入港した〈かしま〉は、米空母エンタープライズの巨体を見上げながら隣の岸壁に接岸した〔撮影・菊池雅之〕

ここでは植民地時代の街並みが復元され、職員たちも当時の服装や当時の喋り方で生活するという本格的なものだった。

まるで植民地時代にタイムスリップしたかのような感覚が味わえるのが売り物らしい。

そう言われてみれば、たしかに映画『風と共に去りぬ』

で描かれた南北戦争時代のアメリカの雰囲気だった。

それにしても世界最大の海軍基地とバージニア植民地が同じ州にあるなんて。

そのギャップも新鮮な研修だった。

ホームステイ

入港早々に基地研修とコロニアル・ウィリアムズバーグの研修を済ませた私たちは、午後から米海軍ゆかりのホストファミリーのお宅にホームステイをするはこびとなった。

しかし、お宅に一泊した記憶がないところからすると、わずか半日の短いステイだったように思う。

ホストファミリー一家族につき、司令部側で決められた二〜三名が一組となってお世話になるわけだが……。

私と同じ組み合わせになったのは実習幹部のY本三尉とN島三尉。

二人ともなにをどう勘違いしたのか、私が英語を得意だと思ったらしく「ああよかった。（ホストファミリーとの会話は）よろしく頼んだよ！」と安堵の笑顔。

「いえいえ、とんでもない！」

二人とも安心してる場合じゃないですよ。私と組んだ時点で不安にならなきゃいけないところですから。

なにはともあれ、三人でホストファミリーのお宅へうかがった。

どうやら私たちのホストとなってくれたのは、定年退職されたばかりの米海軍の艦長のようだった。

お宅はよく映画でみるようなごく一般的なアメリカの一市民のご家庭。

なかなか広いリビングに四九型ほどのテレビがドーンと置かれており、到着するやいなや、私たちはそのテレビで映画鑑賞を……。

宇宙空間で繰り広げられる派手な艦隊戦と聞き覚えのあるサウンドトラック。

「これ、『スター・ウォーズ』だよね？」

さすが米海軍の艦長。こんなスケールの大きな艦隊戦を観ながら、艦長を務めてこられたのか。

と、感心しつつも、鑑賞後に感想を求められた場合に備えて必死に画面に見入る私たち。

しかし、艦長の意図は、日本から来た海軍士官のひよっこたちにまずは「スター・ウォーズ」でも観てもらって、その間に次の対策を練ろうという〝つなぎ〟目的だったようだ。

私たちが必死で「スター・ウォーズ」を視聴している間、どう見ても小学生くらいの年齢の少年が現われた。

最初は艦長のお子さんかなと思った。しかし、それにしては小さい。親戚の子どもでも預かっているのだろうか。

肌の色は黒く、髪も黒髪。オーバーサイズのTシャツにハーフパンツを穿いて、スケートボードを小脇に抱えている。

さてはスケーターかヒップホップのダンサーか……。

いかにもアメリカンな感じの少年で、人懐こく私たちに話しかけてくるのだが、この子の話す英語はなかなか聞き取りづらいものだった。

子どもだけに、「この人たちは英語が苦手みたいだから、ゆっくり分かりやすく話しかけてあげよう」といった配慮が一切ない。

いつもどおりのスピードで容赦なくガンガンと話しかけてくる。

こんなはるかに年下の子どもの話す英語さえ理解できないのかと思うと悲しい。しかし、残念ながらこれが現実である。

三人がかりで対応して、どうにかコミュニケーションを取った後、少年は軽やかにスケートボードを構えて外に遊びに行った。

やれやれ。

ホッとしていると、今度は艦長が出てきて、「レッツ・ゴー」と車に乗せられた。

どこかに連れて行ってくれるらしい。

「先ほどの男の子は誰なんですか？」

車内で尋ねてみると、「私の息子だ」との答えが返ってきた。

意外だった。

艦長は白人で奥様も白人。つまりは、あの肌の色の黒い男の子は養子だったのだろう。

アメリカでは養子を取る例が少なくないようだが、海軍を退役された後、こんな小さな少年を育てていこうと決心された艦長はつくづくご立派だと思う。

しかし、それをどのように英語で伝えたらよいか分からない。

私たち三人はただ黙っているしかなかった。

そんな立派な艦長に連れていかれた（連れていってもらった）のは、日本でいうところの「三笠公園」のような公園。

そこには米海軍の退役した駆逐艦が展示してあり、中に入って見学できるようになっていた。

どうやら艦長は展示されている駆逐艦と同型艦の艦長を務めてこられたようだ（推測）。

舷門のところに係員が立っていて、こちらもどうやら退役軍人の方らしく、艦長と親しそうに立ち話をされていた。

外舷の塗装は日本の護衛艦と比べると、ずいぶん明るいトーンのグレーで、これはおそらく日本とアメリカとでは周囲の海の色が違うからだろう。曇りがちで、荒天も多い日本海を航行する護衛艦は、海の色に合わせて暗い色になっているのだと思う。

駆逐艦の艦名は残念ながら失念してしまったのだが、中の造りは日本の護衛艦とほとんど変わらなかった。

こうしてわずか半日のホームステイはあっという間に終わった。得られた教訓は「もっと英語を喋れるようにならなきゃ」であった。

ワシントンD・Cへ

基地研修、コロニアル・ウィリアムズバーグ研修、ホームステイ……と、入港当日から盛りだくさんなスケジュールであったが、翌日はいよいよワシントンD・Cに向けてバスで出発した。

ワシントンD・Cの「D・C」とは「District of Columbia」の略で、「コロンビア特別区」というのが法律上の正式名称である。

特別区とはつまり、州に属していないアメリカ合衆国連邦政府直轄地という意味である。

アメリカにはべつに「ワシントン州」という州も実在するので、直轄地のほうを「ワシントンD・C」として区別している。

ワシントンD・Cには大統領官邸（ホワイトハウス）・連邦議会・連邦最高裁判所の三権機関が置かれている。

朝の六時にノーフォークを出発して、バスに揺られること約四時間。

午前一〇時ごろ、ワシントンD・Cに到着した。

いやはや、アメリカは広い！

ワシントン市内研修では、WAVE同志で集まり、ホワイトハウスをバックに何枚か写真を撮った。

日本で政治というと、なぜか「カネの絡んだ汚い世界」というイメージがある。しかし、緑の芝生の中に佇むホワイトハウスにはそんな汚いイメージを払拭するようなクリーンな印象があった。

いや、実際は汚い世界だからこそ、緑の芝生に映える白い建物で、わざとクリーンなイメージを強調しているのかもしれないが……。

さて、ホワイトハウスの次は世界的に有名なスミソニアン博物館である。

ワシントンD・Cに本部が置かれているこの博物館は、科学、産業、技術、芸術、自然史の博物館群と教育研究機関の複合体で、とにかく規模が大きく、収集物の数もハンバではない。

ニューヨーク市やバージニア州、アリゾナ州、メリーランド州、パナマにまで施設があるくらいである。ワシントンD・Cにある展示物だけでも、すべてまともに見学しようと思ったら、とても一日では足りない。

私はこの博物館群の中でとくに国立航空宇宙博物館に的をしぼって見ていくことにした。

こちらに展示されている日本のゼロ戦が見ものであると聞いていたからだ。

ゼロ戦……。正式名称は零式艦上戦闘機。第二次大戦中は日本海軍航空隊の主力を担い、一万機以上生産されたという。

それまで映画などで見たことはあっても、本物をナマで見たことはなかった。

それがワシントンD・Cで見られるとは！

期待は高まるが、そもそも展示されているゼロ戦がどういう経緯でアメリカに渡ったのか。

戦争中に撃墜した機体を持ち帰って修理したのか。

たまたま胴体着陸して無傷だった機体を持ち帰ったなどという説もあるようだ。

なにはともあれ、戦うためにひたすら軽量化され、驚異の航続距離を誇った戦闘機が、最後は戦争に負けて敵国の博物館に展示される顚末を迎えるとは……。

スミソニアン博物館の航空宇宙博物館の中で、その本物のゼロ戦は翼を広げ、あたかも実際に飛んでいるかのように空に吊られて展示されていた。

深緑に塗装された機体に赤い日の丸もくっきりとしている。

結構な人だかりができていて、戦後五〇年の当時でも、世界的に「ゼロ」への関心は高いものなのだなあと思った。

そばにパイロットの装備品を身に着けた等身大の人形が立っていた。

まるでおもちゃのように見えなくもない華奢な機体に、実際に人が乗って操縦していたのかと思うと、にわかには信じられないような気持だった。

英語の説明板に「Kamikaze suicide attack」と英語表記されていたのが複雑だった。

ワシントンD・Cの夜

非常に見応えのあったスミソニアン博物館研修を終えた後は日本大使館の大使主催のレセプションが開かれ、夕食をいただいたように思う。

その後、わたしたちはノーフォークには戻らず、ワシントンD・Cのホテルで一泊することとなった。

なにせ大国アメリカ。しかもその首都にあるホテルである。

洗練された高層の建物で、部屋はすべてカード・キー式のオートロック。

二人一組で宿泊するペアはWAVEのK島三尉だった。

実習幹部総員の喫食調査を実施した実行力のある女性で、姉御肌なところがあることから、同期のWAVEの中でもリーダー的存在だった。

そのK島三尉と部屋をシェアするにあたり、「ドアはオートロックだから気を付けなよ」と再三注意されたにもかかわらず、早々に部屋にカード・キーを置いたまま買い物に出かけた私……。

案の定、締め出されたわけだが、さいわい中にK島三尉が残っていたので開けてもらった。

「だから、気を付けなよって言ったじゃん」

はい、K島三尉の言うとおり。

中に誰もいなかったら、フロントに頼んで開けてもらわねばならないところだった。

それも英語で……。

今でこそ、オートロック式のドアは日本でもよく採用されているが、その当時はまだ珍しかったと思う。

いわば最先端のセキュリティをわざわざワシントンD・Cで体験させていただいた。

そういう意味でも貴重な夜だった。

アーリントン墓地献花

ワシントンD・Cのホテルに一泊した後、翌日はバージニア州アーリントンにあるアメリカ合衆国国立墓地のひとつであるアーリントン墓地へ献花に訪れた。緑の芝生に覆われた広大な敷地に約三〇万基もの墓の並ぶ墓地はひたすら壮観でありながら、静かな空気に満ちた場所だった。

元は一八六四年に南北戦争の戦没者のために築かれた墓地のようだが、その後、第一次・第二次世界大戦、朝鮮戦争、ベトナム戦争等の戦没者が祀られ、テロの犠牲者やアメリカ合衆国のために尽くした人物の墓地も存在する。

そもそも私たち日本国練習艦隊がこの墓地に献花する意味とはなにか、であるが……。

じつは、各国の元首は外国を公式訪問する際、その国の無名戦士の墓を訪問し献花するのが通例となっている。

無名戦士の墓とは、文字通り身元不明の戦没者を祀った墓であり、私たちもこの無名戦士の墓に献花してきた。

しかし、じつはこの国立墓地には日系移民でありながら太平洋戦争時にアメリカ合衆国側の軍役に就いた日系人兵士も祀られているのだ。

複雑な立場にありながらも懸命に戦って命を落とした彼らに思いを馳せ、慰霊するのは日本人としてやはり意味のあることなのではないかと思う。

その他、アーリントン墓地には暗殺されたジョン・F・ケネディ大統領とその夫人であるジャクリーヌの墓があることでも有名だ。

そしてもう一つ、我々日本人にとっては複雑な気持ちにならざるをえないものだが、一見しておくべき有名な記念碑がある。

海兵隊戦争記念碑、またの名を硫黄島記念碑ともいう。

アメリカの海兵隊が硫黄島の摺鉢山頂上に攻め上って奪取し、たかだかと星条旗を掲げた瞬間を捉えたもので、この記念碑の元になっているのは、写真家ジョー・ローゼンタールが同様の構図で撮影した一枚の写真である。

『硫黄島の星条旗』というタイトルでピューリッツァー賞を受賞した、あまりにも有名な写真なので、誰でも一度は目にしたことがあるのではないだろうか。

海兵隊戦争記念碑はアーリントン墓地の敷地内ではなく、墓地から少し離れた外にある。

おそらく墓地での献花が終わってから、総員でこの記念碑を見学したように思う。

たしかに複雑な気持ちにはなったが、硫黄島の激戦をしのばせる、圧倒的スケールの記念碑ではあった。

アナポリス見学

墓地への献花の後は、アメリカ海軍士官学校の見学である。

正式名称は「UNITED STATES NAVAL ACADEMY」だが、メリーランド州アナポリスにあることから通称として「アナポリス」と呼ばれている。

それまで洋上で行なわれていた海軍教育を陸上で行なうようになった初めての学校らしい。

イギリスの「ダートマス」、日本の「江田島」と並ぶ、世界の三大海軍士官学校の一つである。

現在、海上自衛隊にもこのアナポリスを卒業した幹部自衛官がおり（私は江田島でこの方の講話を拝聴したことがある）、海上自衛隊からも連絡官として幹部が派遣されている。

さて、アメリカ切ってのエリート校であるアナポリスの印象はというと……。

あくまで私個人のものかもしれないが、意外に「クラシカル」だった。

江田島の幹部候補生学校は伝統墨守で有名だが、なんといってもアメリカは「自由の国」。もっと、最先端な感じのする学校かと思っていた。

しかし、緑の芝生に覆われたキャンパスは整然として、キャンパス内にある博物館やチャペルなどの建物は重厚感があって歴史の重みを感じさせる。

防大出身の実習幹部たちは、アナポリスと防大のイメージが重なるらしく、「懐かしい感じがする」という感想をもらしていたが、私は正直、アナポリスよりも防大のほうが最先端な感じがした。

行き交う候補生（midshipman）たちは皆、若くて目がキラキラとしており、見ていて頼もしい。

ここを卒業すれば、彼らの中から原子力潜水艦や空母に乗り組む者も出てくるのだ。負けてはいられないなあ、という思いがした。

アナポリスでの教育は「知育」「体育」「徳育」の三本柱で、この辺りは江田島の幹部候補生学校とも共通するが、やはり、アナポリスといえば「リーダーシップ論」だろう。日本でもアナポリスの「リーダーシップ論」に学ぼうという向きの書籍は多く出ている。

むろん、私たちも江田島で「指揮統率」について学んで来たわけだが、この遠洋練習航海実習で私が一番苦労したのはこの「指揮統率」だった。

防火・防水のような緊急部署や各種作業部署の指揮を執るには、やはり全体が見渡せる余裕と的確な判断力が必要とされる。

リーダーシップは艦艇勤務の幹部にとってもっとも重要な資質といってよい。指導官の幹部の方に叱責されるたびに、「はたして部隊に出たら、私は立派に指揮が執れるのだろうか」と、大いに不安になるばかりだった。

リーダーシップとは一朝一夕に身につくものではなく、また、座学で習うようなものでもない。

遠洋航海実習も残りわずかとなり、各界で優れたリーダーを輩出しているアナポリスで、いろいろと考えた次第だった。

米海軍女性士官

アナポリス見学の後はノーフォーク停泊中の〈かしま〉に帰艦。

その日の夕方から練習艦隊司令官主催の〈かしま〉艦上レセプションが開催されることとなった。

レセプションに先立ち、ノーフォーク基地から米海軍の方々が次々と〈かしま〉艦内の見学に来られた。

見学者には私たち実習幹部がエスコートに付いて艦内を案内するはこびとなっていた。

さて、私とＷＡＶＥのＨ川三尉がエスコートに付いたのは米海軍の女性士官二人だった。

一人はスラリとスレンダーなブロンドヘア、もう一人は落ち着いたボブスタイルの女性で、いずれも美人！

二人とも中尉で、職域は補給関係だったと思う。

ピカピカの新造艦である〈かしま〉を見て、しきりに「どこもかしこも新しくてきれい。いいわね♪」と興奮されていた。

「ここが士官室です」

と士官室を案内したところ、中から指導官のG賀二尉が出てこられて、「おい、お前たちがエスコートしてる二人。二人とももものすごい美人だなあ」と、すれ違いざまに目を丸くして驚いておられた。

なにせ美人なので、いろいろと絡んでくる人が多く、その中でもやけに親しげに話しかけてくる若手の米海軍士官の方がいた。

ずいぶんと馴れ馴れしいなあと思っていたところ、「彼は彼女の婚約者なのよ」とボブスタイルの美女が教えてくれた。

なるほど。納得である。

美男美女で、海軍士官同士の結婚。

「おめでとうございます」と伝えたところ、「ありがとう」ととても幸せそうに笑っておられた。

艦橋にもご案内して、「私たちはここで操艦訓練などしながら、ノーフォークまでやって来ました」と説明したところ、「ええ？　日本では女性が操艦できるの？」とのリアクション。

なんと彼女たちは実際に艦を操艦したことがないという。

「いいなあ。私たちも操艦したい！」

二人とも口を揃え、心底うらやましそうにおっしゃるので、逆に驚いてしまった。

米海軍の女性士官は操艦をしないのか！

今では制度も変わっているのかもしれないが、一九九五年当時では、米海軍の女性士官に軍艦の操艦は許されていなかったようだ。

ということはつまり、あの難しい運動盤解法や戦術運動、占位保持訓練をしなくてよいわけだ。

それはそれで逆にうらやましい気もしなくもないが……。

私とH川三尉は無言で顔を見合わせて笑った。

「ところで、お二人はまるでハリウッドの女優さんみたいですね」

もちろん、褒め言葉のつもりで言ったのだが、これに関して二人はあまり喜ばなかった。

「私たちは見かけよりずっと強いわよ！操艦させてもらえれば、あなたたちには負けないから！」

と、対抗意識満々なのである。

レセプション会場である「かしま」後部甲板に移動してからは、「同じ女性としてがんばりましょう！」「これからは女性の時代よ！」などと盛り上がって乾杯を交わした。

最後に「あなたたちの制服は体型が隠せるからいいわね」と、女性ならではの鋭いご指摘が……。

同じ白の夏制服だとばかり思っていたら、微妙なところが違っていた。

彼女たちの夏服は上衣をズボンやスカートの中にインして着るタイプなのに対して、私たちの夏服は外に出して着るタイプなのだ。

外に出しているぶん、ウエストラインがごまかせる。

そういえば、この点に関しては以前、航空自衛隊のＷＡＦさんたちにも指摘されたことがあった。

さすがは女性。細かいところによく気が付く。

今ごろ、あの二人の美しい女性士官たちはどうされているだろうか。

そのまま海軍に残っておられれば、もう大佐くらいだろうか。

あれから、ずいぶんと年月が経ったのだなあとしみじみ思う次第である。

第11章　パナマ運河から太平洋に

パナマ運河通峡

こうして九月六日にノーフォークを出港した私たちは、迫りくる海技試験にむけての勉強をしたり、模試を受けたりなどしながら（もちろん訓練も！）一一日にはパナマ運河のそばのクリストバル港という小さな港に寄港した。

さあ、翌朝からいよいよ大西洋と太平洋とをつなぐパナマ運河通峡である。

その日の夜は実習員講堂で「パナマ侵攻」についての戦史講話が行なわれた。

パナマ侵攻とは一九八九年に、反米色の強いノリエガ大統領の独裁下にあったパナマにアメリカ軍が侵攻した事象である。

これによって麻薬組織ともつながりのあったノリエガ政権は倒れ、一九九九年のパナマ運河返還とともにアメリカ軍も撤退し、パナマはようやく落ち着きをみせるのだ。

じつはこの侵攻の前にも要衝パナマ運河を巡る攻防があり、先の大戦時には、日本海軍によるパナマ運河爆破計画もあったらしい。

日本海軍には元々「アメリカ本土を攻撃する」という連合艦隊司令長官・山本五十六の考えに基づく攻撃機を格納できる潜水空母建造の構想があった。

この構想は山本五十六がブーゲンビル島上空で討たれたことにより、報復として着々と進んでいったようだ。

爆破作戦の内容は、攻撃機を搭載した大型潜水艦（潜水空母）がアメリカ本土めざして潜航。本土付近で浮上して攻撃機が発進。アメリカ本土やパナマ運河を破壊する、というもの。

搭載される攻撃機は「晴嵐《せいらん》」と名付けられ、これを搭載する伊四〇〇型潜水空母の建造が進められた。

今考えてもとてつもない構想であるが、日本海軍は実際にこの巨大潜水空母を完成させる。

しかしながら、この伊四〇〇型潜水空母に「晴嵐」を搭載し、射出訓練ができるようになるのは、終戦の年にあたる一九四五年の三月になってから。

その後、戦況はどんどん悪化し、米機動部隊による本土空襲も始まった。

軍令部は「このような状況下でパナマ運河爆破を試みるより、本土周辺の米機動部隊を潰滅するほうが先決」と判断。

こうしてパナマ運河爆破作戦は、ウルシー環礁にいる米航空母艦群の攻撃作戦に切り替えられたのだった。

その後、潜水空母がウルシー方面に向けて南下中に日本はポツダム宣言を受諾して降伏。

帰投途中に、最高指揮官の有泉龍之助大佐は艦内で自決した。

パナマ運河をめぐる壮大な構想の顛末である。

さて、そんなパナマ運河通峡は翌日の朝五時から始まった。

パナマ運河は閘門式の運河である。

閘門式とは、運河の起点と終点の間の水位差が大きいとき、途中に閘門をいくつか設置して、閘門の開閉によって水位を一定に保って船を通す方式である。

私たちが行きついた最初の閘門は三つの閘室からなるガツン閘門。

ここで注水を開始して段階的に水位を上げていき、パナマ運河の中の最高地点である海抜二六メートルのガツン湖へと出る。

大西洋から太平洋へ、パナマ運河の閘門を通る〈かしま〉〔撮影・菊池雅之〕

ガツン湖は人工の湖で、ガツン湖を出た後は、ペドロ・ミゲル閘門、ミラフローレス閘門で徐々に水位を下げて太平洋へ。

この間、約九時間ほど。さながら水の階段を昇降するような通峡である。

ちなみに、パナマ運河の通航料は船の大きさで決まり、排水量一トンあたり一ドル三九セントらしい。

〈かしま〉の場合、日本円にしてだいたい六〇〇〇万円くらいだろうか。

目の玉の飛び出そうな額だが、運河を通らず遠回りして太平洋へ出ればそれだけ燃料等のコストもかかるので、仕方のない金額なのかもしれない。

高い通航料に見合うだけの貴重な通峡体験だった。

パナマ共和国

カリブ海側にあるクリストバル港を出港して、約八時間から九時間かけてパナマ運河を通峡した私たちは、太平洋側のバルボア港に入港。

その後すぐにロッドマン米海軍基地に係留替えとなった。

パナマ共和国は今でこそ、軍隊を持たない独立国であるが、パナマ運河をめぐってさまざまな攻防の歴史をもった国だ。

まず一九〇三年にコロンビアから独立。アマヌエル・アマドールが初代大統領に就任したものの、新たに制定された憲法には、パナマ運河地帯の主権はアメリカにあるとの規定があった。

つまり、パナマは事実上アメリカの支配下におかれていたのである。

その後、国家警備隊の司令官だったオマール・トリホス将軍が一九七七年にアメリカのカーター大統領と新運河条約を締結。一九七九年には運河地帯の主権を回復した。トリホス将軍の死後、国家警備隊はパナマ国防軍に再編。マヌエル・ノリエガが軍のトップとなるが、アメリカのパナマ侵攻によって失脚。

一九九〇年には、パナマ国防軍は解体されて国家保安隊に再編される。

そして一九九九年には運河地帯に残るアメリカの管理地区が返還され、とうとうアメリカ軍が完全撤退する。

つまり、私たちが寄港した一九九五年においては、パナマにはまだアメリカの管理地区が残っていたのである。

ロッドマン海軍基地やハワード空軍基地といった米軍の基地も健在だった。

私たちは両基地で研修をし、パナマのジャングルで訓練するアメリカ軍のビデオを見せてもらった記憶がある。

パナマ市街の研修もしたが、華やかなホテルや土産物屋などが立ち並び、観光に力を入れている姿勢は強く感じられるものの、市街地のそこかしこに銃を持ったガードマンたちが立っていて、どうしても「物騒」な感は否めなかった。

このころの（おそらく現在も）パナマは麻薬や人身売買の問題を抱えており、治安もあまり良くなかったように思う。

〈かしま〉で講話された代理大使の方も「まずは治安から始めなくてはならない」とおっしゃっていた。

さらに街全体には南米特有（？）の独特な匂いが立ち込めており、インドほどの強烈さではないが、あまり清潔な感じはしなかった。

研修中の昼食は市内の高層ビル（おそらくホテルのレストラン）でとったのだが、その帰りにエレベーターが故障して、実習幹部の何名かが閉じ込められるというアクシデントも発生。

閉じ込められた実習幹部の話では「幸い誰もトイレの心配がなかったからよかったけど、これでもしもトイレ問題が発生していたら結構な騒ぎになっていたと思う」とのことだった。

エレベーター復旧まで結構長い時間がかかったようで、閉じ込められていた実習幹部たちは皆、ぐったりとした様子だった。

急速な近代化で観光に力を入れるも、治安を含めてどこか追いついていないところがある一方、伝統的な民族布「モラ」は赤、青、緑、黄色といった、南国ならではの鮮やかな色使いの布で目を惹き、楽しませてくれた。

先住民族であるクナ族の民族衣装に用いられる飾り布とのことで、キルトのようでもあり、刺繍のようでもあった。

私は黒地に魚のモチーフが施された、カラフルなネクタイのようなものを記念に買ったのだったが、残念ながら今となっては見当たらない。

お土産として誰かにあげてしまったのかもしれない。

防火訓練

さて、パナマ出港の後、次の寄港地であるサンディエゴまでは、約一〇日間のなかなか長い航海だった。

もちろん、訓練づくめの航海である。

ひとくちに訓練といってもいろいろあるが、今回は緊急部署の中の代表ともいえる防火訓練を紹介したいと思う。

部署発動の号令はアラームの後に「教練火災・場所は○○（そのときに設定された場所）！」と決まっている。

場所もだいたい機械室と決まっており、この設定と号令に慣れてしまっているがゆえにと実際に火災が起きた際「火災・場所は○○。実際！」などと号令を入れてしまいがちなのだが……。

「部署発動の号令に『実際』などという文句はない！」とよく注意されたものだ。

護衛艦での火災はすべて自艦消火なので、火災が発生すると、すぐに消火活動を始めねばならない。

まず初期消火でやるべきことは、充水ホースの展張と可燃物・重要物件の搬出、現場付近の非常閉鎖と電源遮断である。

これらを迅速に行ないつつ、現場指揮官は指揮所をどこに置くかを決定し、さらに用具の集中場所、消火員の攻撃口を決め、そして、排煙通路を設定（これがかなり重要！）しなければならない。

じつは炎以上に恐ろしいのは煙であり、煙をいち早く艦外に排出してやらないと、あっという間に艦内に充満してしまうのだ。

この間、艦橋では何をしているかというと、現場との連絡を取りながら、どこの区画の非常閉鎖が終わったか、とか、排煙通路はどこにしたか、といったことを艦内防御盤と称する艦内見取り図を手にしながら、一つずつプロットしていくのである。

私たちの時代は、このプロットをチャコペンシルで行なっていたのだが、現在はどうなのだろう。

さて、こうして追い立てられるように速やかに初期消火が行なわれるわけだが……。

残念ながら、訓練ではいつも初期消火は失敗するのがお約束となっている。

「初期消火失敗！」の台詞が次の本格消火の段階へと移る合図となる。

さて、本格消火の段階となるといよいよＯＢＡチームの投入が始まる。

ＯＢＡとは循環式の酸素呼吸器で、Oxygen Breathing Apparatus の略。

防火服に身を包み、酸素呼吸器を着けたＯＢＡチーム（だいたい五人程度）が消火ノズルを持って攻撃口から火災現場に突入し、炎に向かって高速水霧を噴射して炎を消し止めるのである。

このOBAチームは機関科の応急工作員から成っているが、OBAには制限時間もあるし、消火が長引けば交代要員は必須なので、機関科の応急工作員以外の科員もOBAを装着して消火に当たることが多い。

また近年はこのOBAがタンクを用いた自給式呼吸器（SCBA）に更新されているようで、現在はSCBAを使った防火訓練となっているのかもしれない。

しかし、どちらの呼吸器を使用するにせよ、炎の中に突入していく恐怖と熱さ、苦しさは変わらない。

私は遠洋航海中にOBAを装着する配置が回って来なかったため、艦での現場突入訓練は未経験に終わった。しかし、実際に突入訓練を経た実習幹部たちは皆、全身シャワーを浴びたかのように汗だくで、現場がいかに大変かということが察せられた。

遠洋航海が終わって部隊配属となっても、幹部がOBAを装着して現場に突入することはまずない。

しかし、実習の段階で現場の過酷さを少しでも体験しておくことは、実際に火災現場の指揮を執るときに役立つ。

実習で現場配置が回ってこなかったからラッキー、ではないのだ。

防火服に身を包み、酸素呼吸器を着けて、消火ノズルを手に火災現場に突入する実習幹部のOBAチーム
〔撮影・菊池雅之〕

火災現場近くの指揮所からメガフォンで指示を飛ばす実習幹部の現場指揮官
〔撮影・菊池雅之〕

むしろ、現場配置を経験せずに部隊に出ねばならないとはなんてアンラッキーなんだ！　と思うべきだろう。

……と今になって思う次第である。

艦上体育祭

今回はサンディエゴまでの航程が長く航海日数も多いため、さすがにすべて訓練づくめでは息が詰まるだろうと司令部側も考えたのか、途中で艦上体育祭という息抜き（？）が計画された。

じつは長期行動において、こうした息抜きの役割はかなり重要なのである。訓練ばかりをずっと続けるより、途中で息抜きを設けたほうが、練度も上がり、士気も高まるからだ。

〈かしま〉のヘリコプター甲板を使っての大縄跳びや綱引き、飴食い競争などが計画され、私はなんと飴食い競争に出場するはこびとなった。

洗面器の中に小麦粉が充塡され、その中に顔を突っ込んで、小麦粉の中に隠されている飴玉を口で探し当てて食べるという競技である。

たしか、小麦粉の充塡された洗面器が置かれた机まで二人三脚で走っていくのだった

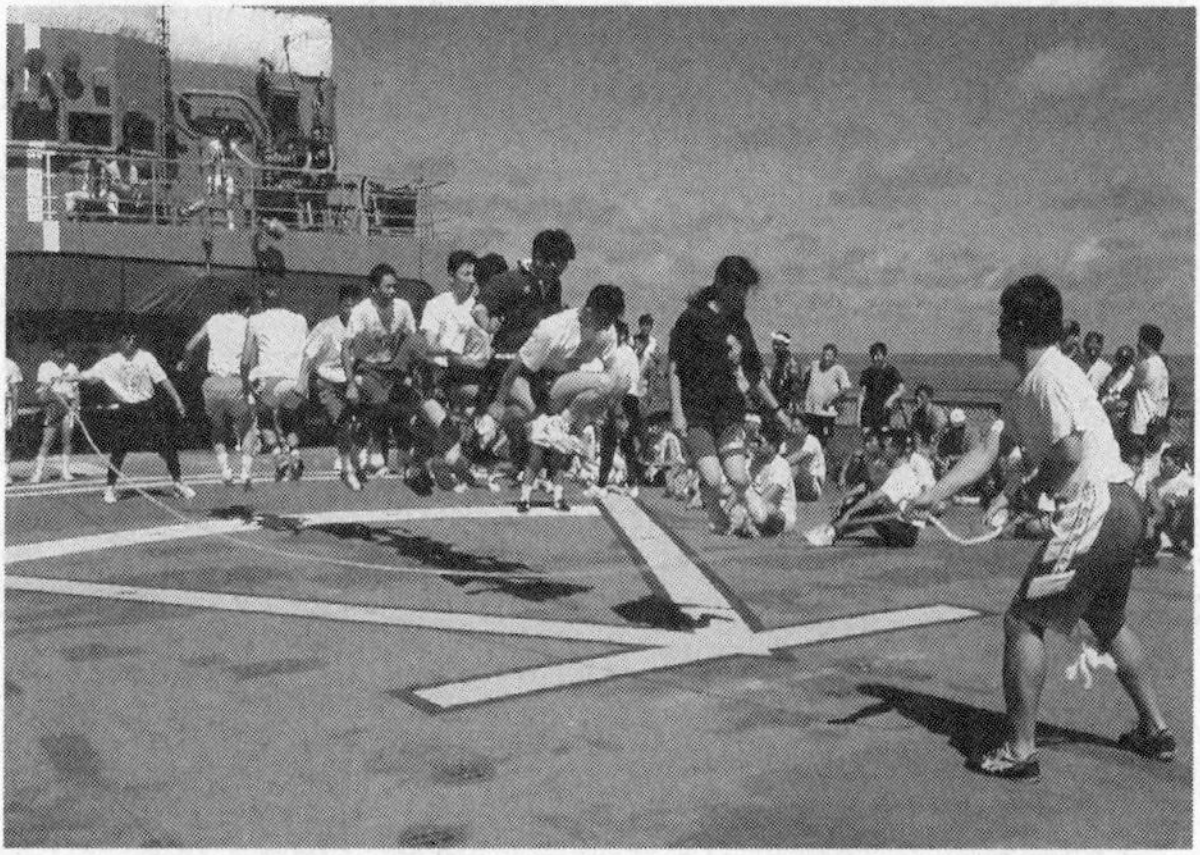

〈かしま〉で開催された艦上体育祭。写真は大縄跳び〔撮影・菊池雅之〕

と思う。

誰とペアだったかは残念ながら失念してしまったのだが、机に置いてある洗面器は二つで、二人それぞれがそれぞれの洗面器の中から飴玉を見つけ出すまで、顔中粉だらけになって小麦粉の海の中をさまよわなければならない。

「大丈夫ですよ、時武三尉。時武三尉のほうは浅く埋めておきましたから！」

飴食い競争の準備に当たった〈かしま〉乗員の方から言われたとおり、たしかに私のほうの洗面器の飴は浅いところに埋まっており、すぐに探し当てられた気がする。

それにしても、人生のうちで、これだけの量の小麦粉を一気に口にする機会なんてそうそうあるものではない。

うっかりすると呼吸困難になるので要注

意だが、これはこれで貴重な体験だった。

さて、もう一人の相方のほうはかなり深いところに埋まっていたらしく、洗面器に顔を埋めてからの苦戦が痛々しかった。

何回か顔を上げ、口からブホッと大量の粉を空中に散布しながら「ない！」と叫ぶ。

挙句の果てには、「本当に埋めてあるの？」と疑うありさま。

「ありますよ！　よおく探して！」

セッティングした乗員の方に言われて、何回も小麦粉の海の中を大捜索。

ようやく「あった！」と粉を吐きながらの叫び声が上がった。

それから、両者ともに二人三脚でゴールしたのだが、果たして勝ったのかどうか……。

残念ながら、よく覚えていない。

しかし、要は勝負を兼ねたレクリエーション。

ほかの大縄跳びも綱引きも、みんなで呼吸を合わせて盛り上がるというところが大事なのだ。

そういう観点から見ると、飴食い競争だけ、趣旨が違うような気がしなくもない。

あえていうなら、粉だらけの顔で「笑いを取って盛り上がる」ということだろうか。

なぜか私がエントリーされた理由はここにあったのかもしれない。

こうして大成功に終わったかに思える艦上体育祭だったが……。

じつは、この開会式に実習幹部総員が参加しなかったという点が指摘され、けっこうな物議をかもした。

あくまで航海中の行事なので、乗員の方々が総員参加してしまっては、艦が動かない。だから、参加しない（参加できない）乗員がいてもしかたない。

しかし、実習幹部が総員配置についていなければならない必要はないといえばないのである。

かりにワッチについていたのだとしても、「せめて開会式の間くらい、ワッチを外れて顔を出せよ」ということだろう。

おそらく、前日の夜間航海訓練《ナイトトランシット》明けで就寝中だったか、天測訓練の後、うっかり寝てしまって参加できなかったか。そんな者が何名かいたのだろう。

肝心の私はちゃんと参加したのかというと、じつはそのあたりはあまり覚えていない。小麦粉に顔を突っ込んだ記憶があまりに鮮明すぎて大縄跳びや綱引きの記憶でさえあやしい。

ちゃんと参加したように思うのだが……。

遠洋航海における嗜好品

さて、この辺りで遠洋練習航海実習における〝嗜好品〟事情について少し触れておきたい。

〝嗜好品〟といえば誰もが思い浮かべるのが酒・たばこ。

しかし、艦内は禁酒・禁煙が原則で、酒・たばこが好きな人にとって艦内生活はかなりの苦行だったことだろう。

私たちの時代は、まだ「飲酒許可日」というものがあった時代なので（現在はいかなる場合も艦内飲酒は厳禁）、多少は緩やかだったのかもしれない。

幸い、私は酒もたばこもやらないので苦にはならなかったが、代わりのもので結構苦しんだ。

まずはチョコレート。

候補生時代から〝チョコタービン〟の異名を取ったほどチョコレートが好きだった私は、日本から個人的に搭載してきた大量のチョコレートを早々に消費してしまい、トルコでは板チョコ一枚に二〇ドルという高値を吹っ掛けられてまで、購入しようとした。

（さすがにこれは「やめときなよ！」と同期に止められた）

ヨーロッパやアメリカなどの文明国（物に〝定価〟が付いている国）に寄港するようになって、チョコレートを定価で仕入れできるようになったのはいいが、この遠洋航海で私は新たな嗜好品に目覚めてしまった。

それがカップ麺である。しかも、日本で定番のカップ麺が海外では入手困難なため、〈かしま〉が日本から搭載してきた夜食用のカップ麺が、ものすごく貴重だった。

それこそ一個につき二〇ドル出してでも買いたいほどで、夜のワッチ明けに啜るカップ麺は涙が出るほど美味しかった。

我が人生で、こんなにも夢中でカップ麺を啜った時期がほかにあっただろうか。

このカップ麺のせいで、私は自身の人生史上ＭＡＸの体重を記録したのだった。

実習幹部散髪事情

女性は髪が伸びたら後ろでまとめて結んでしまうという手があるが、男性の場合はそうもいかない。

まあ一般社会であれば、男性でもそういう髪型の人はいるにはいるが、自衛官でそのような髪型の男性はあり得ない。

というわけで、ここでは遠洋航海中の実習幹部の散髪事情について取り上げてみたい。

基本的に大きく分けて次の三つのパターンがある。

一、鏡を見ながら自力でやる。

二、人にやってもらう。

三、上陸先で床屋に行く。

ちなみに私は息抜きを兼ねて三の手段を選択し、ナポリとリスボンで美容院に行った。ナポリでは大成功だったが、リスボンではワカメちゃんのような刈り上げヘアとなり、大失敗だった。

正直なところ外国語でのコミュニケーション能力に自信のない人にとって、三はとてもリスクが高い。

よって、みんなだいたい一か二を選ぶ。しかし、この二のパターンもある程度人選をしないと痛い目に遭う。器用な人とそうではない人がいるからだ。

当然の流れとして、器用な人には「お願い、髪切って」という需要が集中する。

WAVE実習幹部のK原三尉は典型的「器用な人」で、彼女の元には男女を問わず、散髪依頼が舞い込み、休養日課など彼女の開く「ビューティーショップ」は大賑わいだった。

ハサミを振るう手つきもサマになっており、仕上がった「作品群」のレベルもかなりのハイレベルだった。

私もリスボンで外注などせず、K原三尉にお願いすればよかったと先に立たない後悔をしつつ、刈り上げた髪が伸び揃うのをひたすら待ち望む日々が続いた。

そんなある日、なんとこのワカメちゃんカットの私の元に同部屋のT村三尉から散髪依頼が舞い込んだ。

エエッ！　この不器用（ぶきっちょ）な私に散髪を頼むなんてなんと無謀な……。

「どんな髪型になるか分からないけど大丈夫？」

と予防線を張る私に、

「うん。ただ四、五センチカットして揃えてくれればいいから」

とのご依頼。

そうか。まっすぐ揃えるだけなら何とかなるかな？

じつは、ここで初めてのカミングアウトになるが、私の母親は美容師で、小さい頃からヘアカットはずっと母親にやってもらっていた。

母親のやり方を思い出し、見よう見まねでやってみれば、できなくもないか？

と、不遜ながら思ってしまったのである。

T村三尉の髪はだいたい肩下くらいの長さだったので、ここから四、五センチカットすると、ちょうど肩の位置くらいになる。

……と、だいたいの見当をつけながらも、念のため定規できっちり四センチを測って、生まれて初めて他人の髪の毛にハサミを入れ始めた。

いきなりザックリやると失敗するので、母親がやっていたように、まずは上側の毛をすくってクリップで留め、下側の、地肌に近いほうの毛からスタート。

最初の毛束を四センチ切ったら、あとはその長さに合わせて他の毛を切っていけばいい。

……はずなのだが、いざやってみると、髪の毛をまっすぐに切るというのは意外に難しい技なのである。

T村三尉の髪はさらさらストレートなので、ハサミから髪がさらさら逃げて行ってしまい、それを追いかけているうち、だんだんカットする長さが長くなっていった。

気が付いたら、顔の右側と左側とで長さが違うという現象が！

さすがにこれはまずい。

幸い前に鏡がなく、T村三尉がまだ気が付いていないのをいいことに、修正しきれないところはクリップで留めている髪を下ろして隠してごまかしてしまった。

同じ失敗を外側の髪でやるわけにはいかないので、今度は左右の長さをいちいち確認しながら、慎重にハサミを入れていった。

オーダーされた四、五センチよりもっと切ってしまったような気がするが、ご本人は「あー、さっぱりした。ありがとう！」と満足している様子。

内側の髪の長さが左右で微妙に違うことも気にしていないようで、なにはともあれ、ホッとした。

こんな難技を普通にこなしてしまう全国の美容師さんと〈かしま〉ビューティーショップのK原三尉に敬意を抱きながら、ハサミを置いたのだった。

第12章 アメリカ西海岸

サンディエゴ入港

アメリカの東側にあたるノーフォークから大西洋を南下し、パナマ運河を経て太平洋に出た私たちは、今度はアメリカ西海岸にあたるカリフォルニア州サンディエゴに入港した。

アメリカ西海岸といえば聞こえからしてオシャレなイメージ。さらに、サンディエゴはあのトム・クルーズ主演の名画『トップガン』の舞台となった街である。

そうした先入観を持っているためか、ノーフォーク入港時とはまた違った感慨を抱いた。

どちらも広大な港ではあるのだが、サンディエゴのほうがより開放的で明るい印象、といったところだろうか。

ノーフォークでは入港早々に空母エンタープライズに圧倒されたのだが、サンディエゴで圧倒されたのは、入港歓迎行事の後に見学した強襲揚陸艦である。

おそらく、私たちが見たのはワスプ級の二番艦エセックスだったのではないだろうか。現在は佐世保にアメリカが配備されているが、その前に配備されていたのがこのエセックスだったように思う。

ＬＣＡＣ三隻を収容できるウェル・ドック、ヘリコプターや固定翼機、戦闘機まで発着艦できる広大な飛行甲板、満載時の排水量は四万トンを超えるという、そのスケールの大きさは目をみはるものがあった。

車両・航空機・揚陸艇と大きく三つのパートに分かれて格納できる機能性も優れていると感じた。

この一艦があれば、海から空からさまざまな作戦が展開できるだろう。

実際、このころのアメリカ海兵隊の戦い方はＭＡＧＴＡＦ（海兵空陸任務部隊）を主眼にし、空陸一体となって敵地に侵入・上陸するというものだった。

一方、日本には強襲揚陸艦ほどの規模ではないが、〈おおすみ〉をはじめとする大型輸送艦三隻があり、二〇一六年には掃海隊群が新たに部隊を改編（大型輸送艦三隻からなる第一輸送隊を隷下に編入して司令部要員を増員）し、海上自衛隊で唯一の水陸両用戦部隊となった。

二〇一八年には陸上自衛隊に水陸機動団も発足し、陸・海・空の統合運用で離島奪還や災害派遣などに向けた訓練を行なっている。さらに米海軍・海兵隊ともキーンソードやタリスマンセーバーといった演習を通じて共同訓練が行なわれている。

さて、話をまたエセックスに戻すと、この強襲揚陸艦は東日本大震災時のトモダチ作戦に参加して、救助活動を行なっている。

当然ながら、当時はまだ東日本大震災もトモダチ作戦も予測できなかった。さまざまな任務に対応でき、多用途性と柔軟性を備えた強襲揚陸艦。どうせなら戦争以外の人道的な用途での活躍を願いたいところだ。

東郷行泰氏講話

強襲揚陸艦のスケールの大きさに圧倒された後、次に圧倒されたのは講話のために〈かしま〉を訪れた東郷行泰氏の人としてのスケールの大きさである。

東郷氏は米国トヨタ自動車販売の社長で、アメリカでレクサスの販売網を構築し、トヨタ車をアメリカ国内ビッグ3に食い込ませたトヨタマン。

そんな人がなぜ〈かしま〉に？　もしや「東郷」という名字からして、あの東郷平八郎元帥ゆかりの人物か？　と思ったが、その点には触れておられなかったので、どうやら東郷元帥との関係は深くなさそうだった。

むしろ、氏の息子さんが海上自衛官であったり、東郷氏自身もかつては海軍士官を志して海軍兵学校を受験した経緯があったりと、そんなこんなからのご縁によるご来艦だったようだ。

東郷氏は諸事情により海軍兵学校は不合格となったものの、東京水産大学に進学。そこから海軍への道を志望していたところで終戦を迎えるのだが、後からするとこれが東郷氏の幸運の始まりだったようだ。

もし海軍兵学校に合格していたら、早々に戦死していた可能性が高い。

次なる幸運はオーストラリアで趣味のカーレース出場中にカンガルーとぶつかったこと。

車の損傷でレースを続行できなくなって帰国便を待つ間、現地の駐車場事情を目の当たりにして、日本での立体駐車場ビジネスの着想を得るのである。

そして、そのビジネスの話をトヨタに持ち込んだことがきっかけで、トヨタに中途採用で入社。

残念ながら、立体駐車場ビジネスは当時の日本では時期尚早すぎて当たらなかったようだが、その後、タイに赴任してタイ国トヨタ自動車の業績を飛躍的に向上させた。

このときに役立ったのが、終戦後の虚無感から円覚寺での出家を試み、修行した経験だったという。

タイは仏教国なので、円覚寺での修行体験を披露しつつビジネス交渉にあたったところ、タイの寺院で僧侶の生活を送るはめになった。

しかし、これが現地の反日感情の緩和につながり、ひいてはタイ国トヨタ自動車の業績アップにつながるのである。

まさに人生に起こる出来事において無駄なことなど一つもないという典型のようなお話だった。

東郷氏はこのあとカナダに赴任。業績不振の会社のかじ取りに当たるわけだが、ここで彼はなんとセスナ機を購入して、カナダを飛び回りながら営業するという空飛ぶ営業マンに！

もともと飛行機好きだったとのことだが、画期的な営業スタイルである。

そして、いよいよ米国トヨタ自動車販売社の社長に就任。

まずは現地工場の建設から始まって、アメリカ人のライフスタイルに合った超高級車を開発。

このとき開発された超高級車こそレクサスである。

そして次は、このレクサスを売るための販売店「レクサス店」の設立。

東郷氏のモットーは「ビジネスは『NO』と言われたところからスタートする」というもので、アメリカでのレクサスのシェアを全米の一〇%にまですることに成功した。

中途採用の入社でありながら、米国トヨタ自動車販売の社長まで昇りつめ、アメリカにレクサスの販売網を確立するという業績まで叩き出した、まるでドラマのような人生だが、東郷氏の人生はここで終わりではなかった。

〈かしま〉での講話の翌年、氏は単発セスナによる世界一周旅行に挑戦し、みごと成功するのだ。

飛行機での世界一周が長年の夢であったという氏は、七一歳にしてとうとう夢を実現したのである。

もちろん、ここまでいつも順風満帆だったわけではなく、人知れないご苦労もあっただろうとは思う。

しかし、持ち前の「あきらめない」精神が氏の人生をドラマチックに展開させたのだろう。

本当に、いくつになってもまるで少年のような若々しさを保った、素敵な方だったと思う。

艦上レセプション

サンディエゴでもまた、司令官主催による〈かしま〉艦上レセプションが行なわれた。

レセプションでは「和」をアピールするために、甲板上に緋毛氈を敷いた野点が行なわれたり、武道の演武があったりするのだが、サンディエゴではそれに加えて、実習幹部による英語のスピーチが行なわれた。

実習幹部の中で英語の得意な者たちが何名か選ばれ、演台に立ってスピーチするのだ。もちろん、そこに私が選ばれることはなかった。

しかし、候補生時代から私と背格好がよく似ており、幹事付さえも間違えるほどだった、同部屋のM崎三尉はみごと選ばれた。

入港間際の人選だったので、スピーチの草稿を練る時間はあまりなかったはずだが、さすがM崎三尉。

サラサラと（そのように私には見えた）草稿をメモして、レセプション前には着実にスタンバイの状態となっていた。

さて、本番。小柄ながら堂々とした足取りで演台に上った彼女は、聴衆を見回して挨拶するやいなや、早々に英語でジョークを飛ばした。

これがアメリカ人のお客様方に大ウケ！　大学時代、落語研究会にいた彼女の笑いのセンスは洋の東西を問わず通用する大したものだった。

早々に笑いで聴衆の心を掴んだ後、彼女のスピーチは絶好調のまま終盤を迎え、最後は大喝采だった。

問題はこの後である。満足して帰るお客様方を舷門でお見送りしていると、皆、口々に「君のスピーチはグレイトだった！」「最高のスピーチだったわ！」と私にお礼を言うのだ。

完全に私とM崎三尉を間違えているわけだが……。

残念ながら「それは人違いです」と英語で言える語学力がなく、苦笑いしながらM崎三尉になり代わって「サンキュー」と返礼したのだった。

ティファニーで朝食会

早朝のニューヨーク五番街。ティファニー本店の建物の前にスッと一台のタクシーが停まる。

中から降りてきたのはジバンシィのブラックドレスを身にまとったオードリー・ヘプ

バーン。

ダイヤをあしらった五連のパールネックレスに大きなサングラスをかけ、気怠げにショーウィンドゥの前を逍遥しながら、紙袋の中から取り出した朝食のデニッシュを頬張る。

バックに流れるのは名曲『ムーンリバー』。

映画史に残るお洒落で印象的なオープニングシーンだが……。

それと遠洋航海と何の関係があるの？　と思われるだろう。

私たちが入港したのはサンディエゴであって、ニューヨーク五番街からは程遠い。しかし、じつはサンディエゴの近くにもティファニーがあったのである。

そして、サンディエゴでの研修の中には「ティファニー朝食会」というものが入っていた。

ここでご想像いただきたい。

白の夏制服に身を包んだ実習幹部総員が三列縦隊でザッザッと行進してきて、ティファニーのショーウィンドゥ前に整列し、一斉に紙袋からデニッシュを取り出して、「配食はじめ！」の号令とともにかじりつく様を……。

そんなアンビリーバボーな研修があるはずがないとは分かっていたが、行動予定表の中に「ティファニー朝食会」の文字を見たとき、真っ先に私の頭に浮かんだのは、そんなすさまじい喫食シーンだった。

ご存知のとおり、ティファニーは世界的に有名なジュエリーブランドである。ブランドカラーの、あのティファニー・ブルーを目にしただけで、胸がときめく女性も多いことだろう。

研修とはいえ、私も「Tiffany & Co.」のロゴを仰ぎながら入店したときは、ときめきを超えて胸がざわめいた。

そのせいか、肝心の朝食会の記憶がすっぽりと抜け落ちているのが悔しい。

おそらく、店舗に併設されたカフェでモーニングセット的なものをいただいたのではないかと思うのだが……。

実際に、ニューヨーク五番街にあるティファニー本店では、四階に「The Blue Box Café」というカフェがあって、ここで朝食やランチセット、アフタヌーンティなどが選べるようだ。

現在、ネットでの予約も困難とのことで、相当な人気らしい。

そもそもティファニーは創業者であるチャールズ・ルイス・ティファニーとジョン・バーネット・ヤングの二人の名前からとったティファニー&ヤングという名称で一八三七年に文房具や装飾品の取り扱いからスタートした。

創業当初は値札についた値段から値引きは一切しないという、当時としては画期的なスタイルを貫いていたという。

研修なので、そういったティファニーブランドの歴史も学びつつ、メインはショッピング。

お店側も商売なので、日本から来た制服組の団体客様ご一行をタダで帰すわけにはいかない。

笑顔できらびやかなショーケースの前に連れていかれたわけだが……。

こうしたジュエリーは自身で買うのではなく、できれば男性からプレゼントされたいものである。

ティファニーのジュエリーの洗練されたデザインにため息をつきながら、ルックオンリーとなった。

しかし、男性の実習幹部の中には日本にいる彼女のため、この機会に本場のジュエリーを購入した者もいたのではないだろうか。

……と、ここでティファニー側から、粋なサプライズが！

新作の香水を女性自衛官限定でプレゼントしてくれるというのだ。

もちろん、香水の宣伝という戦略があってのことなのだろうが、憧れのティファニーからプレゼントをいただく機会なんて、そうそうあるものではない。

喜びをかみしめながら、香水の小瓶の入ったティファニー・ブルーの小さなショッパー・バッグを受け取った。

ティファニーといえば、「ティファニーには、どれだけお金を積まれても、決して売らないものが一つある。ただし、顧客には無料で提供される。それは、ティファニーの名が冠された箱である。」のポリシーで有名なブルーボックスがある。

白いリボンが結ばれたこのブルーボックスのリボンを解く、この一瞬のときめきこそが、ティファニーブランドの価値といってもよい。

残念ながら、いただいた香水はブルーボックス入りではなかったものの、それでもしっかりとときめいたのはいうまでもない。

しかし、せっかくのこの粋なサプライズも男性自衛官からすれば「面白くない」ものだったようだ。

「WAVEだけいいよなあ」

「女は得だよなあ」

ちらほらとやっかみの声が上がった。

このころはまだ世間的に「圧倒的多数の男性自衛官たちの中で少数派の女性自衛官が道を切り拓いていくのは大変だろう」という見方が強かった。しかし、逆に少数ゆえに優遇される面もあったのだ。

ティファニーの香水はラッキーなサプライズだったが、こうした「優遇」にあぐらをかいてしまってはいけない。

胸の中でときめきを味わいつつ、謙虚な姿勢に努めながら、ティファニーを後にしたのだった。

海兵隊と空母

さて、ティファニーで夢のような時間を過ごした後、ふたたび、現実に引き戻されることとなった。

海兵隊の訓練見学である。

英語で説明されたので、理解があやしいのだが、おそらく私たちが見学したのは、新兵訓練だったのではないだろうか。

何という名の訓練か、これも英語だったのでよく聞き取れなかったのだが、訓練の様子を見たまま、私なりに表現すると、「逆さ綱渡り訓練」とでもいったらよいのか。

高さ二メートルから三メートルくらいの位置（もっと高かったかもしれない）に張られた一本のロープに四肢を使ってぶら下がり、その状態でロープの端から端まで渡って移動するのである。

ロープの長さは一〇メートルくらいだっただろうか。

なにしろ自身の装備を含めた全体重が四肢にかかるわけなので、かなりキツイ訓練のはずだ。

ロープの下には落下した場合に備えて、衝撃防止用のマットが敷かれていたが、私たちが見学している間に落下した者は一人もいなかったと記憶している。

ピッという笛の音ともに、一人ずつスタートしてロープを渡り、先にスタートした者がロープの中ほどまでくると、次の者がスタートするといった具合で、次々と渡っていく。

半長靴の部分をロープに当てて滑らせながら、グローブをした手でスイスイとロープを繰っていくのだ。

ジャングルの中で木から木へと移動する場面が想定されているのだろうか。

海兵隊の正式名称は「United States Marine Corps」なのだが、彼らが頻繁に発する掛け声はすべて「マリンコ！」と聞こえた。

あまりに簡単そうに見えるので、うっかり自分にもできるかも？　などと思いがちだが、おそらく私がやったら一メートルも進まぬうちに落下するだろう。

「マリンコ」の強靭な体力と身体能力に感心したものだ。

さて、次は空母である。ノーフォークで空母エンタープライズを間近に見てはいたが、実際に乗艦させてもらったわけではない。

今回はいよいよ乗艦。私にとって生まれて初めての米空母乗艦だった。にもかかわらず、空母に乗艦したという実感が湧かなかったのはなぜなのだろう。しいて言うなら、大きな建物の中を巡ってきたという感じ。それに尽きる。あまりに大きすぎて全貌がつかめないのだ。

そもそもどこから入ってどこから出てきたのか……。途中ではぐれたら迷子になってしまうと思い、必死に見学の列に並んでついていった。

むろん、全区画を見せてもらったわけではない。記憶に残っているのは、手術もできるという救急治療室だった。

これも見るかぎり普通の病院の病室と変わらなかった。ベッドが何台も並んでいて、点滴や呼吸器のようなものもあった。

ドクターも一人ではないし、看護師も何人もいた。とても艦の中という感じがしないのである。

ちなみに牧師や弁護士まで乗っているというのだから驚いた。

甲板士官も一人ではなく、補佐役が何人もついて、うまく分業して艦の雑務に当たっているという。

慢性的に人手不足の日本の護衛艦からすればうらやましいかぎりだが、よく考えれば、こんな巨大な艦の甲板士官が一人で務まるわけがない。

日本の護衛艦にはない役職もたくさんあるにちがいない。

機会があれば空母艦内一泊とか、空母体験航海などもやってみたかった。

本当にごく一部をほんの少し見せていただいただけの見学であったが、今もってあれが艦内だったという実感が湧かない。

普通の病院を見学に行った感が強すぎる空母見学だった。

魚が食べたい

出港前に日本で大量の食糧品を搭載してきた〈かしま〉だが、当然ながらそれがいつまでも保つわけではない。

各寄港地で新たな食糧を現地調達して搭載するので、おのずと艦内で出される食事も各国の特色が活かされてくる。

どこの国で調達したのか、茹でたカニやロブスターが一匹丸ごと出てきたこともあった。

見た目にはみごとなのだが、こうしたものは中身をほじるのに、とかく時間がかかる。

実習で忙しくて完食できなかったカニを持ち帰り、後で食べようとロッカーにしまっておいたら、そのまま忘れて腐っていた、という某実習幹部のエピソードも耳にした。

さて、ヨーロッパを後にしてノーフォークに入港したあたりからの食事事情の変化としては、まず肉がデラックスになった。

アメリカンなステーキが頻繁に出てくるようになり、フライドチキンなどもよく登場したように思う。

外出先で個人的に仕入れて搭載するお菓子も、おのずとアメリカンなものが増えてくる。

日本でもおなじみになっているお菓子が手軽に買えるので、ついついたくさん買い込んだ。

嬉しかったのは、日本では少しお値段が高めなハーシーズのチョコレートが手に入りやすかったことである。

独特の味わいのチョコレートで、銀紙に包まれたしずくのような形をした「キスチョコ」で有名なのだが、板チョコもおいしい。

寄港地で現地調達した食糧の積み込み作業
〔撮影・菊池雅之〕

逆に、日本でポピュラーなカルビーのポテトチップスのようなものはなく、ポテトチップスといえば、プリングルスが主流だった。

日本でも見かける、ひげの生えたおじさんのイラストがトレードマークの、結構しっかりとしたポテトチップスである。

一度食べ始めると止まらない中毒性があり、このプリングルスはWAVEの間で「おやじチップス」と呼称され、かなり流行した。

当然ながらハーシーズにしても、プリングルスにしてもかなりハイカロリーなおやつである。

しかも、外出した際はつい便利な本場のファーストフードを利用しがちで、出てくるのはボリューミーなアメリカンサイズのハンバーガー。

ライトな食べ物が少ないアメリカで、さすがに高カロリー食ばかりでは健康的にも美容的にもよろしくないと思い始めた。

「たまには魚も食べたいね」ということで、同部屋のWAVE、M崎三尉と魚の食べられる店を探した。

だが、ステーキハウスが圧倒的に主流で、なかなか魚料理をメインにしたお店は見つからない。

せいぜい「レッドロブスター」くらいである。

さんざん探してようやく見つけたのは「TEAM FISH」という名のファミリーレストラン風のお店だった。

直訳すれば、「お魚チーム」もしくは「魚組」といったところか。

「FISH」と看板を出しているだけあって、メニューも魚料理がメインだ。

ただ、さすがにシンプルな「焼き魚定食」とか「さばの煮込み定食」とか、そういった類のものはない。

魚料理は魚料理でもフライとかムニエルとか、とにかくなにかしらボリュームアップしたものばかり。

「余計なことをしないで、シンプルに塩ふって焼くだけでいいのにねー」

などとボヤきながらも、アメリカンな魚料理を堪能し、お土産に「TEAM FISH」のロゴ入りTシャツを買い求めて帰艦した。

このTシャツの魚のイラストがまた独特。魚といえば、ふつう横向きに泳いでいるところが描かれがちなのに、こちらのイラストはなぜか縦向きに直立した魚が並んでいる。

このほか、サンディエゴでは当時、ロサンゼルスドジャースで活躍中の野茂英雄投手の「野茂Tシャツ」も購入。

とにかく、この当時のアメリカでの野茂ブームはすごかったのだ。

今でもネットオークションなどで結構なお値段で取引されているのを見ると、その後の度かさなる引っ越しによりどこかへ散逸してしまったのが悔やまれる。

一方、「TEAM　FISH」の直立した魚Tシャツは今も健在で、夏用の寝間着として活躍している。

第13章　パールハーバーから懐かしの日本へ

サンディエゴ出港

サンディエゴを出港した私たちはいよいよ最後の寄港地であるパールハーバーへ向けて舵を切った。

長かった遠洋練習航海実習の集大成ともいえる航程である。

パールハーバーまでの間に各種練度評価試験が行なわれ、初級幹部として部隊勤務に必要な知識や練度などが試された。

停泊当直の要領や各部署の流れ、自身が艦で副直士官勤務中に「もしも○○が起きたらどうするか？」といったようなことも問われた。

改めて問われると、うろ覚えのところも多く、正直に言って試験の出来に自信はなかった。

それに試験はこれだけではなく、この遠洋練習航海実習中でもっとも苦しんだ天測の試験もあった。

三つの星の見える高度から自艦の位置を割り出す計算に特化した試験で、この試験に合格すれば、以降の航路での天測が免除されるというものである。

記憶がだいぶ曖昧になってきているが、たしか、これまでにも何度か行なわれてきており、早々に合格してすでに天測免除となっている者がいたように思う。

まだ幹部候補生学校にいたころ、「世界一周コースで最後の太平洋航路まで天測をやっているようでは駄目だね」といった話を教官たちから聞いたことがあるが、まさか自分がその「駄目」なうちの一人になるとは……。

結局、サンディエゴ出港後の天測試験でも不合格となり、最後の最後まで六分儀を手放せなかったように思う。

恐ろしいことに試験はまだあった。この遠洋練習航海実習で合格することが必須とされている海技試験である。

前にも書いたように海上自衛隊で行なわれる海技試験は正規のものではなく、正規の試験に準じたものになるのだが、海上自衛隊の艦艇部隊で勤務するにあたり、初級幹部はこの「運航二級」と「機関二級」の両方の試験に合格しておく必要があった。一番重要な試験だけに、最後の最後に行なわれることになっており、逆にいえば、海技試験のために最後の最後まで気は抜けないしくみとなっていた。

戦史講話

海技試験に向けての勉強にいそしみながら実習に臨むなかで、戦史講話が行なわれた。次の寄港地がパールハーバーなので、講話のお題はもちろん真珠湾攻撃だった。あまりに有名な攻撃である。山本五十六による立案であるとか、「ニイタカヤマノボレ」、「トラ・トラ・トラ」といった暗号、さらには特殊潜航艇の九軍神などなど。講話にするにはハイライトばかりで、そういう意味ではこの真珠湾攻撃を担当した班はやりやすくてラッキーだったのではないだろうか。

おなじみの話ばかりだと思って聞いていたのだが……。

なんと、恥ずかしながら、この攻撃に参加した日本海軍の機動部隊が択捉島《えとろふ》から出発したという事実を知らなかった。

単冠湾《ひとかっぷ》に集結したというのは聞き覚えがあったのだが、単冠湾が択捉にあったとは盲点だった。

わざわざそんなところから出発したのかと改めて驚いたのを覚えている。

後になって知ったのだが、作家の佐々木譲さんが『エトロフ発緊急電』というタイトルの小説を出版されており、開戦前の択捉を興味深く描いているようだ。『ベルリン飛行指令』『ストックホルムの密使』と合わせて三部作となっているようで、ぜひ読んでみたいと思っている。

さて、真珠湾攻撃の主役はなんといっても航空母艦から発進した艦載機である。これらの航空攻撃がメインなのだが、合わせて行なわれた特殊潜航艇による魚雷攻撃作戦にも興を惹かれた。

なぜだろうと考えてみると、江田島の教育参考館の入り口に、この作戦で使われた特殊潜航艇（甲標的）が展示されていたからかもしれない。

さらにいえば、幹部候補生学校入校前から個人的に人間魚雷「回天」に興味を持っていたこともあるだろう。

搭乗員の生還を期しがたいということで、一度は却下された作戦のようだが、最終的には採用されている。

真珠湾入り口まで潜水艦で進出し、その後、母艦を離れて発進。防潜網を破壊したり、かいくぐるなどして湾内に進入。魚雷攻撃を行なうという作戦である。

めぼしい戦果はなかったという説もあるが、特殊潜航艇の中の一艇から「我、奇襲に成功せり」という電文を潜水艦が受信していることから、戦果を挙げた艇もあったようだ。

ジャイロコンパスの故障により、艦長に出撃を止められながらも、無理に出撃した酒巻和男少尉の艇は途中で攻撃を断念し、再起を期して集結予定地点に向かったものの迷走。

真珠湾口とは反対側の珊瑚礁に打ち上げられた。

その後、艇の爆破装置に点火して艇外に脱出するが、艇は爆発せず、そのうち酒巻少尉は失神して砂浜に打ち上げられ、捕虜第一号となる。

特殊潜航艇もほとんど無傷のまま米軍に収容され、これはその後テキサス州フレデリックスバーグにある太平洋戦争博物館に展示される。

では、江田島の教育参考館の入り口に置かれている特殊潜航艇はどれ（誰の艇）なのか。残念ながら定かではないが、戦後、米海軍の潜水員の潜水訓練中に海底で発見されたものらしい。

一方、捕虜となった酒巻少尉は四年間の捕虜生活の後、帰国。その後、ブラジルで「トヨタ・ド・ブラジル」の社長を務め、一九九九年に八一歳で亡くなっている。

じつはこの酒巻少尉の手記の増補版がなんと、二〇二〇年の八月に『酒巻和男の手記』というタイトルで出版されている。

まだ読んではいないが、興味深い限りである。

塩月弥栄子さんご乗艦

そうこうしているうちにいよいよ〈かしま〉は最後の寄港地であるパールハーバーに入港した。

戦史講話を聞いた後だけに、神妙な気持ちだったが、入港時はWAVE実習幹部の一人一人にハワイアンレイが掛けられるなど、終始歓迎ムードだった。

かつて新婚旅行のメッカだっただけあって、辺りにはのんびりと美しい島の景色が広がっている。

本当に日本が奇襲攻撃を行なったのかと疑いたくなるほどだった。

さて、ここで〈かしま〉に一人の女性ゲストが乗艦されることとなった。茶道家の塩月弥栄子さんである。恥ずかしながら、私はこのときまで塩月弥栄子さんがどういった方なのか存じ上げなかった。

茶道裏千家の一四代家元千宗室のご長女で、冠婚葬祭のマナーや着物の本を多数出版され、テレビにも出演される、由緒正しい家柄の有名人であった。

最後の寄港地パールハーバーに入港する〈かしま〉。実習幹部が登舷礼式を実施、礼砲が発射されている
〔撮影・菊池雅之〕

入港時の歓迎行事では女性実習幹部ひとりひとりにハワイアンレイがかけられた〔著者提供〕

しかし、私が受けた塩月さんの第一印象は茶道家というより、むしろ実業家。会社経営でもやっていらっしゃる方なのかと思った。

なにしろ、ご乗艦時のファッションがハワイのムームーに黒いつば広の帽子。和服でトラディショナルなイメージの茶道からは遠かった。

しゃべり方もかなりチャキチャキとしているというか、ずいぶんとハッキリご自身の意見を口にされる方で、奥ゆかしいというタイプではない。

同部屋のS賀三尉が専属のエスコートに付いていたのだが、塩月さんの自由奔放なオーダーに終始振り回されている感じであった。

しかし、今となっては、やはり塩月さんのエスコートはS賀三尉が適任だったように思う。

S賀三尉を抜擢した司令部訓練幕僚補佐AのK野一尉の目は確かだった。

いくら相手がお客様でも、なにからなにまで「はい、そうですね」のイエスマンでは面白くない。

相手を立てるべきところは立てて、かつ自身の意見・主張も臆せずしっかり伝えられるようでなければ。

その点においても、S賀三尉はよくやっていた。

多少のぶつかり合いはあったようだが、最終的には塩月さんも満足して帰られたと思う。

後から調べたところ、当時塩月さんは七七歳。

パールハーバーでの練習艦隊訪問はこれが初めてではなく、前任艦の〈かとり〉にも乗艦されて講話をしてくださっていたようだ。

いわば、練習艦隊のパールハーバー入港と塩月さんの乗艦・講話は恒例だったらしい。〈かしま〉では、マナーについての講話をしてくださったのではないかと思うのだが、塩月さん自身のキャラクターの印象が強すぎて、マナーのほうはよく覚えていない。

最後にWAVEだけを集めてお話をしてくださり、その際に「結婚？　まあ、一回くらいはしておいたらいいんじゃない？」とおっしゃったのが印象的だった。

これも後になって調べたのだが、塩月さんご自身、一度離婚された後に再婚されている。

「なるほど。だからあんなふうに仰っていたのだな」と今は思うが、当時は「この年代の方で、しかも茶道家の方が、こんな自由な結婚観をお持ちとは……」と驚いたものだ。

さらに、塩月さんはWAVE総員に一枚ずつお揃いの柄のムームーをプレゼントしてくださった。

ムームーというと、とかくトロピカルなイメージで派手な色調を思い浮かべるが、いただいたものは水色をベースとした落ち着いた色調のムームーだった。

デザインも半袖のものからノースリーブ、七分袖といった具合にバリエーションに富んでいて、私は七分袖のものをいただいた。

七分袖であれば、日本に帰ってからもワンピースふうに着用できるかもと考えてのこ
とだったが、残念ながら帰国してからこちらのムームーを着る機会は少なかった。

なにはともあれ、鮮烈な印象を残して去られた塩月弥栄子さんである。

私たちの部屋にある連絡用ホワイトボードには、日本に帰国する直前まで、塩月さん
のキャラクターをよく表現したイラストが残されていた。

反対舷側の部屋にいるK原三尉によるイラストである。

つば広の帽子を被った塩月さんがステッキをつき、カプリのたばこをふかしている。

その下でムームーを着たWAVE実習幹部が振り回されて踊っている……。

ホワイトボードに描かれたイラストなので、消そうと思えばすぐに消せたが、あまり
にコミカルで面白いので、誰も消さずにいた。

結局、帰国間際に通関士の女性がやって来る直前まで残っていたのではないだろうか。

ハワイの休日

パールハーバーのレセプションではノンフィクション作家でいらっしゃるハロラン芙

美子さんとも知り合った。

ハロラン芙美子さんのご主人は米国人ジャーナリストのリチャード・ハロラン氏（『ワシントン・ポスト』『ニューヨーク・タイムズ』の元東京支局長）。ご結婚後、ホノルル在住で執筆活動に専念されており、お会いしたのはちょうどご著書の『ホノルルからの手紙』を上梓されたころだった。「日本に帰ったらぜひ読ませていただきます。そして、感想を送らせていただきます」とお約束したのだが……。

中公新書のご著書を購入したものの、結局、いまだ感想を送るまでには至っていない。心苦しいかぎりである。

最後の寄港地ということもあってか、ハワイでは珍しく「一日オフ」という日があった。

この日を活かして艦内で海技試験に向けての勉強をするか、それともリフレッシュのために外出をするか。

かなり迷った末、艦内で少し勉強した後、貴重な機会を活かして外出をすることにした。

当直にあたっている実習幹部には申し訳ないと思いつつ、まずはハワイで有名なアラモアナショッピングセンターに向かった。

モールのあちこちにヤシの木などが植えられた、いかにもハワイアンな感じのショッピングセンターで、しかも広大である。

ここで大好物のマカダミアナッツチョコレートを大量に買った後、外出用にバケットハットを買った。

いつも艦内では実習幹部用の部隊帽（私たちの時のカラーは臙脂色だった）なので、キャップ以外の形の帽子を被るのは新鮮だった。

夜はポリネシア・カルチャーセンターでナイト・ショーを楽しんだ。

サモアやフィジー、ハワイ、トンガなどのポリネシアの国々のダンスのショーで、とくに男性ダンサーが松明を灯して踊るアクロバティックなダンスは圧巻だった。女性ののんびりとしたフラダンスのイメージとは一味ちがうのである。

オアフ島を中心に主要八島と一〇〇以上の小島で構成されるハワイ諸島にポリネシア南方から人々が移り住んだのは西暦五〇〇～六〇〇年ごろとされている。

そして、一二世紀初頭には、神聖な力をもつとされる首長たちによって支配され、独自の宗教に基づく階級社会ができあがっていたという。

ナイト・ショーのダンスは、そのポリネシアからやって来た人々がハワイにもたらし、代々受け継がれてきたダンスなのだろう。

芸術的であることはもちろん、なにか神聖なものを感じさせる踊りだった。

ハワイと日系移民

ハワイで「ハワイ人」と呼称されるのは、単にハワイに居住している人たちではない。一七七八年にイギリス人のジェームズ・クック（キャプテン・クック）がハワイを発見する以前からハワイに住んでいたポリネシア系の血統の人たちだけである。

そして、ハワイにはこうしたハワイ人よりもハワイ人以外の人たちのほうが圧倒的に多く居住している。

では、どのような人種の人たちが多いのだろうか。

アメリカの州なのだから白人が多い感じがするが、じつはアジア系の人種のほうが多いのだ。

その中でも、一番多いのが日系人である。

そもそも日本からハワイへの移民は、ハワイがアメリカに併合される前から始まっており、一八九〇年代には総人口の約四割を占めるほどになっていた。

やがて日本人が白人を追い出すのではないだろうかという「日系移民脅威論」が白人たちを刺激して、クーデターを引き起こし、それまで続いていたハワイ王朝の転覆につながったという説もある。

じつは、一八八一年三月にハワイのカラカウア王は日本を訪れており、この時、当時五歳のカイウラニ王女（カラカウアの姪）と当時一三歳の山階宮定麿王《やましろのみやさだまろおう》（日本の皇族）との縁組を熱心に説いたという話が残っている。カラカウア王は西欧諸国からの圧力に対抗するため、アジア・太平洋地域諸国の同盟をつくり、日本にその盟主になってもらいたかったのだ。日本の皇族との縁組もその狙いの一環だったようだが、日本側はアメリカを刺激したくないという理由でこの縁組を断る。

結局、ハワイからの要望のうち、日本が受け入れたのは、日本からの移民の増大だけだった。

そして、四年後の一八八五年、ハワイ政府が資金を提供し、日本政府が斡旋するという「官約移民」がハワイに渡った。

彼らを待ち受けていたのはつらく厳しい労働の日々だったが、クーデターによって王朝が転覆し、ハワイがアメリカに併合されてからも、彼らはハワイ定住を望んだ。日本語学校を設立したり、寺社を建立するなど、彼らはハワイの地で日系人のコミュニティーを築いていく。

だが、一九四一年一二月、日本軍による真珠湾攻撃が行なわれたことによって、彼らは一気に「敵国人」とみなされるようになってしまう。

偏見と差別から逃れるため、日系二世を中心とする数多くの若者たちが積極的に志願兵となったという。

そして、志願兵が中心となった第一〇〇歩兵大隊は、アメリカ本土の日系人部隊と合流して四四二連隊としてヨーロッパ前線に送り込まれた。

多くの死傷者を出しながら勇敢に戦い、命がけでアメリカへの忠誠を示した彼らだったが、結局のところ偏見には勝てなかったようだ。

ハワイの日系人たちへの偏見は太平洋戦争終結まで続いたという。

私がハワイの研修で出会ったのは、こうした日系アメリカ人の兵士たちの菩提を弔っている日本人僧侶の方だった。

お名前は失念してしまったが、「生半可な気持ちで彼らの苦悩が分かるわけがない」と、終始厳しい口調で日系アメリカ人兵士の苦労を説かれていて、印象に残っている。

アリゾナ記念館

日系アメリカ兵たちの苦悩をうかがった後でのアリゾナ記念館見学は気持ちの重いところだった。

真珠湾攻撃によって沈んだ戦艦アリゾナの上に建てられたこの白い記念館は、日本軍による攻撃がどのように行なわれ、真珠湾がどのような状態になったか、といったことを静かに説明展示していた。

当時の日本軍に対する非難も込められているのだろうと、ある程度身構えての見学だったが、私の英語力が未熟なためか、各展示パネルからはそうした非難の意図は読み取れなかった。

むしろ、この記念館の意図は沈没したアリゾナとその乗組員たちの慰霊にあるのだと感じた。

ゆえに、この白い記念館は沈没したアリゾナの上に交差《クロス》する形で建てられており、建物全体が祈りの十字架を象徴している。

水底に眠るアリゾナからは戦後もオイルが漏れ続け、これは「アリゾナの涙」「黒い涙」などと呼ばれている。

展示パネルの中でもっとも印象に残っているのは、「TORA！　TORA！　TORA！」と大きく書かれたものである。

有名な「ワレ奇襲ニ成功セリ」の暗号だが、「this is not a dorill!（これは演習ではない）」という英語の解説が生々しかった。

分隊長からの手紙

パールハーバーでの研修ではダイヤモンドヘッドにも登った。

登山と聞き、弥山登山競技を思い出して身構えたものだが、ダイヤモンドヘッドは標高二三二メートル。

弥山の約半分の高さなので、ちょっとしたハイキング感覚で楽しめた。

頂上で強風に吹かれながら、ハワイの絶景をバックに記念撮影などをしたのを覚えている。

一日だけの休日をビーチで過ごして、ハワイを満喫した実習幹部もいたようだ。

ここを出港したら、次はいよいよ日本。待ちに待った帰国である。

逆にもう少し実習を続けていたいような、いたくないような……。

最後の寄港地だけに感慨深いところもあった。

そんな中、まるでタイミングを図ったかのように、江田島にいる元第三分隊長のS本一尉から元第三分隊員総員に向けての手紙が届いた。

「おーい、みんな。分隊長からの手紙だぞー」

手紙はただちに元第三分隊員総員に回覧され、さらにコピーが配られた。

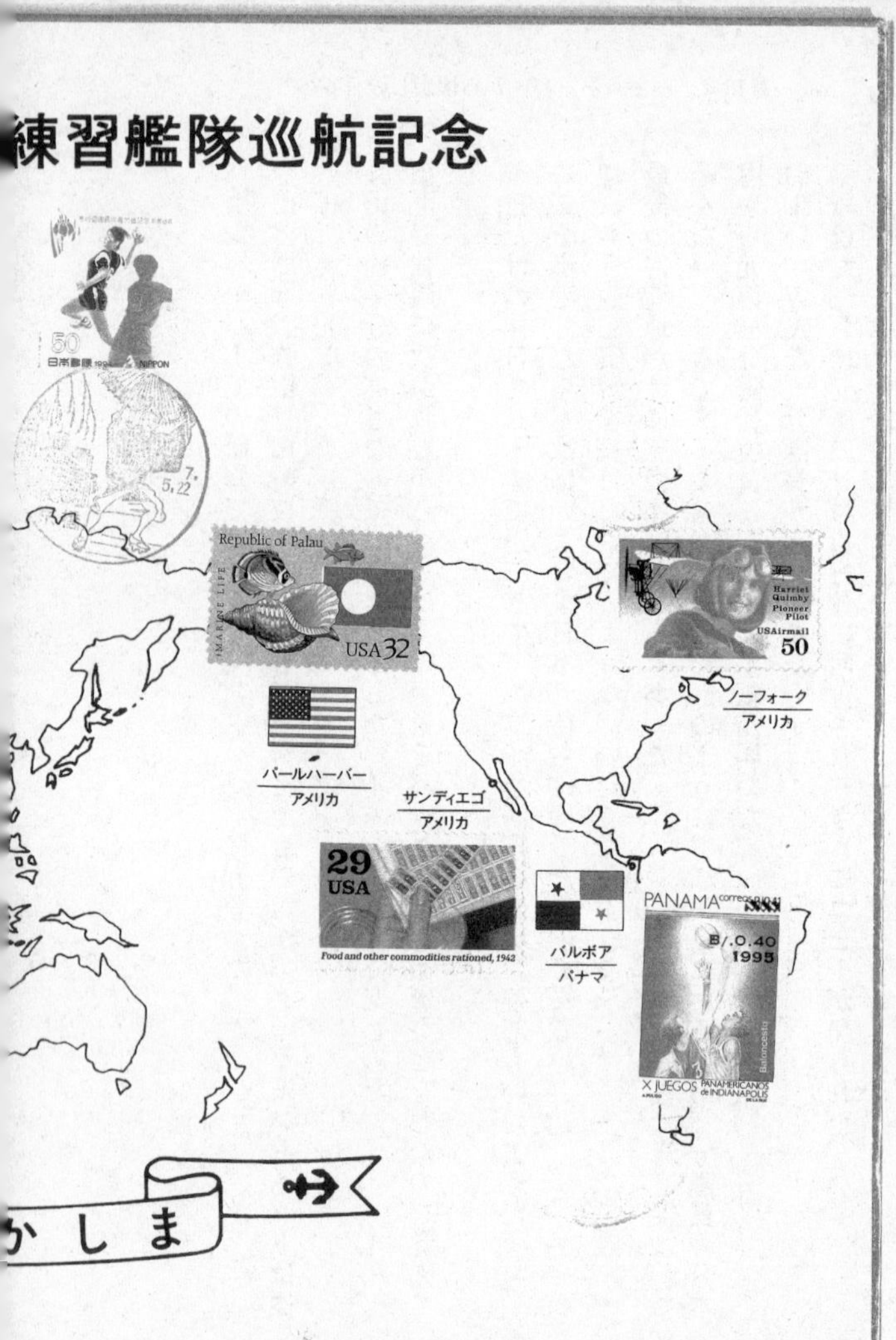

寄港地12ヵ所と日本の切手・消印がそろったスタンプラリーの色紙〔著者提供〕

平成7年度日本国

練習艦

おそらく、元室長のI谷三尉あたりが手配してくれたのではないかと思う。

S本一尉は私たちの卒業後、隊付として候補生学校に残られており、私たちはそれぞれ各個に各寄港地から江田島のS本一尉宛に手紙を出していた。

S本一尉はすべての手紙に目を通していたが、あえて最後のパールハーバーまで沈黙を貫き、はるか遠くからじっと私たちの航海を見守っておられたのだ。

手紙はインド洋で行方不明となった同期のことにも触れ、「いろいろ心を痛めることがあったかもしれないが、まずはここまでよく頑張った」という労いの言葉の後、こう綴られていた。

「さあ、日本まであと一頑張りだ。最後まで気を抜くことなく、遠航をしめくくってくれ。健闘を祈るとともに、第三分隊総員二五名との再会を心から待っている」

卒業後もずっと気にかけてくれているS本一尉の温かさがよく伝わってくる手紙である。

「最後まで気を抜くことなく」と、さりげなくしっかりと釘を刺してくれているあたりもさすがだ。

これはきっと海技試験のことを言っているにちがいないと私は受け取った。

じつはこの時点で、合格できる気はまったくしなかったのだが、「最後まであきらめずに頑張ろう」と気持ちを切り替えた。

配属先の発表

一〇月一二日。最後の寄港地パールハーバーを出港した私たちは、とうとう日本に向けての帰路についた。

例年、練習艦隊は先の大戦で激戦となった海域付近を通過する際、洋上慰霊祭を行なっているが、帰国前の最後の洋上慰霊祭はミッドウェーだった。

事実上、太平洋戦争のターニングポイントとなった海戦である。

ミッドウェーの洋上慰霊祭は、インド洋で行方不明となった同期の遺影も参加して、整斉と行なわれた。

音楽隊の演奏する「海ゆかば」が夕暮れ時のミッドウェーに響き、この海に眠る多くの将兵たちの魂を鎮めたのではないかと思う。

慰霊祭が終わると、以降は通常ワッチのほか、ほとんどの時間は自習となった。

最後の関門である海技試験のための勉強時間である。

分隊長からの手紙どおり、「最後まで気を抜くことなく」勉強に励んだが、肝心の試験の手ごたえはあまり良くなかった。

しかし、なにはともあれ試験が終わったことで一つの大きな区切りがついたのはたしかだ。

それまで海技試験に向かっていた気持ちのベクトルが、今度は〈かしま〉退艦後に向かっていく。

じつは、一般大卒の私たち二課程学生はこの遠洋練習航海実習後に八戸航空基地での航空部隊実習への参加が決まっていた。

なぜ二課程学生だけなのかというと、一課程学生は防大生時に航空部隊実習を経験しているからとか、江田島のカリキュラムの中で一課程学生だけの航空部隊実習を経験しているから等諸説あるが、本当のところはどうだっただろうか。

とにかく、一課程学生は〈かしま〉退艦後は、航空部隊実習には行かず、すぐに部隊配属となるのである。

当然、彼らの配属先は〈かしま〉にいる間にもう決まっている。

これはもう気にならないわけがない。ズバリ、「自分の希望する職域に進めるかどうか」である。

一番分かりやすい例を挙げると、航空機パイロット希望者であれば、最初の配属先が小月《おづき》教育航空隊であるかどうか。

なぜなら、海上自衛隊の航空機パイロットはまず最初に小月教育航空隊で基礎教育を受けるからだ。

パイロット希望なのに、最初の配属先が艦艇部隊だったりすると、もうその時点で航空機パイロットへの道は閉ざされたも同然となる。

悲劇の人事となるか幸運な人事となるか。必ずしも成績次第ではないのも恐ろしいところである。

一つの職域に成績上位者ばかりが集まるといった事態を避けるため、いくら成績上位でも本人が希望しない職域に割り振られるケースもある。

さて、運命の配属先発表の日。実習員講堂で、艦長付のS藤一尉が一人ずつ一課程出身の実習幹部の名を呼び、配属先と配置を告げていった。

「○○三尉、こんごう船務士」

「○○三尉、かとり通信士」

といった具合である。

終始淡々とした、静かな発表だったが、このとき一人一人の実習幹部の胸の内ではさまざまなドラマが起こっていたはずだ。

希望の通らなかった者の中には失意のあまり、部屋のベッドにカーテンを引いてこもり、しばらく出てこない者もいたらしい。

私たち二課程出身の実習幹部も約一ヵ月後には同様の配置発表があるのかと思うと、気の引き締まる思いだった。

同時に、一足先に配属先が決まった一課程出身実習幹部たちが急に大人っぽく見えてならなかった。

晴海ふたたび

一〇月二六日。待ちに待った帰国、晴海入港の日がやってきた。

しかし、じつはその前日の二五日に、私たちは横須賀沖に仮泊していた。帰国に必要な諸手続きを済ませるためである。税関を通る代わりに、逆に通関士の方々が直接艦に乗り込んでこられた。

諸外国で購入したお土産品等を一つ一つチェックするというので、目つきの鋭い、厳しそうな人を想像していたのだが、私たちの部屋にやって来たのは、きれいにお化粧をした、可愛らしい感じの女性通関士だった。

年齢も二十代半ばの同世代。点検後はすっかり打ち解け、一緒に記念写真を撮ったりして別れた。

こうして改めて迎えた帰国の日。

出港時は小雨の空模様であったのに対し、入港時の晴海は晴れていた。

あらかじめ連絡していた両親と伯母が岸壁に迎えに来ていて、しきりに手を振ってく

5ヵ月ぶりに帰国した練習艦隊。〈かしま〉艦上で実習幹部が登舷礼式を実施している。レインボーブリッジをくぐれば晴海ふ頭はすぐそこだ〔撮影・菊池雅之〕

れているのが見えた。

だが、こちらは登礼式中なので手を振り返すことはできない。心の中でしきりに「ありがとう。帰って来たよ！」をくり返した。

音楽隊の軍艦マーチも岸壁からの拍手も出港時と大差ないはずなのに、受け止める気持ちはまるで違っていた。

約半年間の航海で多少は成長したからだろうか。不安でいっぱいだった出港時が懐かしくさえある。

〈かしま〉は時間をかけてゆっくりと入港し、岸壁横付けが完了すると、いよいよ出迎えの家族たちとの対面が許された。

両親と伯母に〈かしま〉を案内し、食堂で一緒にお茶を飲んだのを覚えている。

そんななか「N島が来てるぞ！」という

噂が〈かしま〉の中に流れた。

総短艇中に倒れ、幹部候補生学校を途中で去った元第三分隊短艇係のN島候補生である。

飛行甲板にいるというので行ってみると、本当にあの軍神N島候補生がいた。

「やあ、遠航お疲れさん。時武も偉くなっちゃったなあ」

自衛隊を辞めても、同期のことを気にかけて、はるばる出迎えにきてくれたのだろう。

N島候補生は次々と飛行甲板を通りかかる同期たちと、懐かしそうに談笑していた。

江田島時代も含め、この遠洋練習航海実習を終えるまでの一年半は、一般大卒で自衛隊に入った私にとって、それまでの人生観がくつがえるような一年半だった。

こんな私が、どうにか無事に晴海に帰ってこられたのは、もちろん練習艦隊司令部や〈かしま〉幹部・乗員の方々のおかげである。だが、やはり一緒に苦楽をともにした同期たちの支えによるところが大きい。

この同期の絆はあれから四半世紀経った今も、私の一生モノの財産となっている。

あとがき

本書が店頭に並ぶ五月には、新型コロナウィルスの感染法上の分類が、季節性インフルエンザと同じ「5類」に引き下げられていることと思います。発生から三年余り。長いコロナ禍に、ようやく一区切りがついたといえるのではないでしょうか。

この間、自衛隊は任務遂行と感染拡大防止とのはざまでかなりの苦戦を強いられてきました。護衛艦ひとつ例にとっても、密な艦内で感染を防ぐのは容易なことではありません。出港自体ができなかったという話も聞きました。そんな状況下で練度を維持するため各艦ともに知恵をしぼり、感染対策に神経をすり減らしてきたであろうことは想像に難くありません。遠洋練習航海実習も延期になったり、航程が短縮されたり。そして、各寄港地での上陸がなかった年度もあったようです。

私が現役だったころには想像もできなかった事態ですが、これも一つの試練。厳しい状況下での遠洋航海を体験された期の皆さんは、他期では得られなかった気づきや学びを獲得されたことでしょう。それはきっと後の部隊勤務に活きるでしょうし、そんな状況下で培われた同期の絆が一生の宝となることを信じてやみません。

さて、私たち〈かしま〉第一期生の遠洋航海から四半紀が過ぎ、かつてはピカピカの新造艦も、老齢の域に入りました。先日、〈かしま〉を見学に行った同期から送られてきた艦内写真を見て、「ああ、〈かしま〉も年を取ったんだなあ」と深い感慨を抱かざるをえませんでした。

思えば〈かしま〉はたくさんの恩恵をもたらしてくれました。何度も書いたように、〈かしま〉のおかげで、それまで参加できなかった遠洋練習航海に女性も参加できるようになり、これによって女性幹部自衛官も男性と同様にじゅうぶんな艦艇教育と訓練を受けることができるようになりました。その結果、次々と優秀な女性の艦艇長が誕生しています。

私自身は残念ながら艦長を拝命するまでには至りませんでしたが、現在、女性艦長が主人公のシリーズ小説（『護衛艦あおぎり艦長　早乙女碧』新潮文庫）を執筆する機会をいただいています。これも突き詰めれば〈かしま〉の恩恵なのかもしれません。小説の主人公を通して、自身が就けなかった艦長職を疑似体験させてもらっているような、不思議な気持ちです。

そしてもう一つ。本書の中でも触れましたが、この〈かしま〉第一回目の遠洋練習航海には現在、軍事フォトジャーナリストとして第一線でご活躍中の菊池雅之氏が同乗されていたのです。

そのご縁もあって、本書の出版にあたり、菊池氏には当時自ら撮影された貴重な写真資料を多数お借りしています。執筆にあたっては本書にはるか先駆けて出版された同氏の『試練と感動の遠洋航海』（かや書房）も、大いに参考にさせていただきました。（同じ遠洋練習航海を菊池氏の視点から描いた良書ですので、こちらも合わせて読まれることで本書の遠洋航海がより立体的に伝わるのではないでしょうか）〈かしま〉同期の菊池氏に心より御礼申し上げます。

また、長い航海をともにした同期の絆は今もって最大の恩恵です。ご指導いただいた練習艦隊司令部の方々や〈かしま〉乗組員の方々、大変お世話になりました。

当時はあまり実感できていなかった、栄えある〈かしま〉第一回目の遠洋練習航海に参加できた幸運にしみじみ感謝する今日このごろ。どんなに長い月日が経っても、本書の中の〈かしま〉はずっとピカピカの新造艦のままです。たとえ実在艦が退役となっても、本書では永遠に現役の練習艦として世界の海を巡り続けることでしょう。ありがとう、〈かしま〉！

そして、本書とともに世界一周の航海にお付き合いくださいました読者の皆様、ありがとうございます。

最後になりましたが、月刊『丸』連載時から本書刊行にいたるまで多岐にわたりお世話になりました潮書房光人新社の方々に深く御礼申し上げます。

二〇二三年　四月吉日

時武里帆

初出――月刊『丸』連載「ぼたんがキラリ」の第四六回（二〇二〇年四月号）～第六九回（二〇二二年三月号）
（時武ぼたん名義）
装　幀　伏見さつき
DTP　佐　藤　敦　子

産経NF文庫

就職先は海上自衛隊
女性士官世界一周篇

二〇二三年六月二十四日　第一刷発行

著者　時武里帆
発行者　皆川豪志

発行・発売　株式会社　潮書房光人新社
〒100-8077　東京都千代田区大手町一-七-二
電話／〇三-六二八一-九八九一(代)
印刷・製本　中央精版印刷株式会社

定価はカバーに表示してあります
乱丁・落丁のものはお取りかえ致します。本文は中性紙を使用

ISBN978-4-7698-7060-9　C0195
http://www.kojinsha.co.jp

産経NF文庫の既刊本

就職先は海上自衛隊
女性「士官候補生」誕生

時武里帆

一般大学を卒業、ひょんなことから海上自衛隊幹部候補生学校に入った文系女子。そこで待っていたのは、旧海軍兵学校の伝統を受け継ぐ厳しいしつけ教育、短艇訓練、八マイル遠泳…女性自衛官として初めて遠洋練習航海に参加、艦隊勤務も経験した著者が描く士官のタマゴ時代。

定価924円(税込)　ISBN 978-4-7698-7049-4

就職先は海上自衛隊
元文系女子大生の逆襲篇

時武里帆

幹部候補生学校での一年間の教育中、最初の天王山「八マイル遠泳」を乗り切った時武候補生に第二の、そして最大の天王山「野外戦闘訓練」が立ちはだかる。船乗りに必須の理系科目の追試の嵐を撃破して、「士官」になることができるのか。卒業をかけた最後の戦い。

定価1080円(税込)　ISBN 978-4-7698-7059-3